SOPA DE LETRAS

Y

DICCIONARIO

TIERRA

Bienvenido

*Desde BookBlessed esperamos proporcionarte un entretenimiento y aprendizaje divertido y relajado. Los libros de esta colección contienen diccionarios. Aprenderás al mismo tiempo que te divierte**s**.*

Una recomendación:

Hazlo con lápiz .
Estamos convencidos de que volverás a hacerlo, una y otra vez.

Temas:

Las sopas de letras están ordenadas por temáticas dentro del tema principal.

Diccionario:

Al final del libro dispones del diccionario con todas las palabras contenidas.

Esperamos que difrutes

BlessedPapers

Blessed Papers

Somos una editorial Joven, que intenta hacer cosas nuevas y diferentes.
Si te gusta el libro, te divierte y te aporta algo, sería una grandísima ayuda que nos dieras tu opinión. Es la única manera de poder hacernos visibles y llegar a más personas.
Sólo tardarás unos segundos escaneando el código QR.

Muchas gracias por tu ayuda

Ríos

I	M	Q	G	I	N	Z	N	Y	Z	N	P	A
M	C	T	V	K	U	D	F	N	B	C	Y	Q
N	Z	M	P	O	X	R	P	V	H	P	H	Q
I	L	M	L	O	X	E	A	H	N	J	J	D
P	C	I	I	P	R	G	R	O	A	F	Q	S
O	N	S	A	N	O	Z	A	M	A	F	V	W
K	A	I	T	W	B	L	N	N	Y	M	O	B
N	W	S	T	S	U	Q	A	Q	G	I	Y	X
B	Z	I	L	T	S	J	M	N	B	E	E	M
C	H	P	M	N	C	X	Y	U	B	U	S	R
F	S	I	G	I	Y	A	N	G	T	S	E	W
G	I	U	D	X	C	A	V	L	F	C	L	I
K	D	P	K	C	D	K	T	Z	H	D	B	R

Amazonas **Nilo** **Misisipi**
Danubio **Yangtsé** **Ganges**
Paraná

Países

J	B	D	D	S	Y	C	B	A	C	M	N	D	Y	Q	N	S	X
Y	I	A	I	B	R	D	J	R	L	A	M	B	U	B	Z	D	T
Q	M	D	J	J	M	P	S	T	A	Z	M	P	B	K	H	M	D
J	C	J	W	R	B	O	O	D	Z	C	I	R	Q	R	M	X	J
P	C	R	Q	U	U	H	D	G	K	R	E	A	V	C	T	T	P
P	N	I	G	G	L	M	I	M	B	U	H	X	H	A	O	N	D
X	W	T	Y	X	C	P	N	G	R	S	K	I	W	Y	T	K	L
W	N	I	E	X	X	B	U	M	A	I	N	I	N	L	U	L	O
G	N	O	S	R	J	Z	S	T	S	A	N	S	V	D	I	B	S
B	L	B	F	Q	F	B	O	G	I	D	J	J	A	J	I	U	F
G	F	P	V	H	S	K	D	L	L	E	Y	K	Z	I	L	A	X
I	J	C	A	N	A	D	A	G	I	J	J	U	K	G	Q	K	C
E	Y	X	V	I	B	R	T	S	R	H	O	U	Q	H	F	G	U
F	W	J	O	N	T	K	S	P	G	D	K	G	Z	Q	P	C	U
H	H	V	E	S	G	V	E	T	K	N	K	Y	L	B	S	M	K
F	A	P	U	U	D	N	X	V	A	F	L	O	M	J	I	W	B
F	Q	A	C	F	E	U	F	X	A	F	B	O	Q	E	V	M	L
A	V	T	V	B	T	R	H	C	G	Q	I	E	V	V	I	B	J

EstadosUnidos   **Brasil**   **Rusia**
China   **India**   **Canadá**
Australia

Montañas

G	J	J	G	S	X	Z	A	B	O	B	S	Q	G	I	Q	L
Y	F	X	R	M	N	S	D	M	J	W	O	X	L	S	A	O
L	C	W	L	W	P	A	A	E	Q	I	J	U	M	N	G	E
X	J	S	T	R	C	X	V	Y	Z	I	C	B	Z	B	J	A
Y	U	O	E	L	X	I	E	H	A	R	T	Z	Y	D	X	O
O	R	Q	K	P	K	O	N	J	A	L	E	U	N	C	T	F
F	H	E	M	X	L	E	A	G	S	U	A	T	W	N	A	P
N	J	C	K	A	U	A	R	A	H	D	C	M	R	Q	E	K
K	G	A	H	T	S	E	R	E	V	E	V	G	I	N	C	O
L	J	K	E	Y	P	U	E	H	U	R	Y	I	Z	H	Z	P
B	Z	V	V	S	V	S	I	J	I	V	T	M	C	I	P	V
G	T	X	S	M	E	C	S	Q	E	E	V	V	Q	Y	G	E
W	A	H	N	I	D	H	Q	E	W	J	V	W	P	M	X	Z
N	V	C	K	R	R	Y	G	C	D	Y	G	D	E	X	P	T
P	R	C	N	K	I	L	I	M	A	N	J	A	R	O	I	X
E	O	D	S	E	O	R	L	K	B	P	A	S	Q	U	T	E
R	T	W	J	V	D	D	W	P	N	D	R	Z	H	K	D	H

Everest   **Kilimanjaro**   **Andes**
Alpes   **Himalayas**   **Rockies**
SierraNevada

Mares

H	K	T	M	Q	J	J	F	M	P	F	Z	J	D	E	A	W
O	O	O	H	D	R	V	Z	B	H	E	W	I	R	O	O	Z
Q	A	E	N	H	O	I	P	B	N	Q	Z	M	D	U	N	K
F	U	N	D	T	D	R	A	M	K	H	P	V	S	T	D	S
U	Q	A	K	F	S	A	T	I	Q	F	C	A	Q	E	X	L
O	W	R	F	U	V	B	G	N	F	P	R	J	A	N	T	S
W	Z	R	C	L	Y	R	J	D	D	T	O	N	N	O	H	L
N	A	E	H	X	P	K	B	I	I	R	A	Y	V	U	B	F
J	Z	T	E	B	I	R	A	C	P	N	S	M	T	Q	S	S
U	Y	I	L	V	H	E	O	O	T	O	N	M	Y	N	X	N
I	Y	D	V	A	T	S	N	A	R	F	T	D	Z	L	O	D
Q	D	E	O	E	N	C	R	Y	R	B	W	K	S	F	O	I
H	A	M	I	N	Y	T	B	S	C	M	A	A	Y	S	L	H
G	I	I	M	R	I	Y	I	G	O	W	N	B	H	P	T	M
P	J	S	O	C	I	F	I	C	A	P	K	T	P	Q	A	W
K	E	K	O	K	G	I	Z	Y	O	O	V	R	O	U	J	V
E	G	E	F	U	Z	E	P	G	B	T	F	A	S	R	C	G

Mediterráneo	Caribe	Atlántico
Pacífico	Índico	Ártico
Antártico		

Volcanes

V	P	P	N	K	D	B	C	H	O	Q	A	K	L	Z	B	O
F	W	E	O	P	L	W	Z	O	L	K	K	Y	Y	J	M	A
S	W	G	W	P	F	N	A	S	T	D	I	M	U	T	D	K
C	Z	J	U	P	O	W	K	M	M	O	A	I	B	E	Z	G
Y	A	P	Z	T	Y	C	M	O	Q	K	P	K	Z	B	L	I
Q	N	B	S	D	K	R	A	K	A	T	O	A	Q	F	H	F
O	D	A	X	Q	H	T	U	T	V	C	W	X	X	T	Y	Q
Y	X	L	Z	T	L	O	N	D	E	O	D	S	K	I	K	M
T	B	G	A	M	O	H	A	Y	S	P	R	A	Q	Z	J	A
M	Q	U	V	M	N	M	L	G	U	X	E	N	R	B	L	U
U	Q	M	G	L	K	Y	O	S	B	W	C	T	P	U	O	X
M	A	Y	A	C	S	C	A	Y	I	E	T	O	L	G	J	F
D	Y	W	P	Y	L	B	B	A	O	B	I	R	L	F	P	L
T	P	C	H	Q	J	F	Y	L	N	H	Z	I	Y	D	J	R
R	I	I	L	F	E	R	Z	W	S	Q	Q	N	J	R	G	N
I	Q	G	J	Z	Q	K	P	F	Y	M	J	I	M	U	J	Y
V	M	J	V	H	P	U	S	X	U	Q	Y	R	H	W	F	M

Vesubio   Krakatoa   MaunaLoa
Fuji   Cotopaxi   Santorini
Popocatépetl

Ríos

K	G	Z	O	O	U	V	H	S	R	G	B
U	N	E	L	J	V	P	Y	U	R	U	Z
C	O	U	U	L	P	S	U	H	P	S	N
K	K	C	B	M	V	R	I	N	C	M	I
O	E	H	O	Y	A	C	L	F	L	K	D
Z	M	N	X	N	B	U	Z	E	K	I	L
L	X	D	E	Q	I	R	Q	Z	H	V	L
Z	C	S	Y	A	R	R	U	M	F	O	R
T	A	M	E	S	I	S	O	P	C	L	H
W	N	G	Q	Y	P	F	Y	U	G	G	D
W	M	X	L	G	B	X	S	T	G	A	U
W	U	K	L	W	Y	E	J	Y	B	Q	Y

Sena   Rin   Orinoco
Volga   Mekong   Murray
Támesis

Países

K	A	N	Z	Q	S	C	F	V	I	V	R	P	P
U	I	R	M	A	T	M	S	S	O	P	O	A	V
X	C	B	G	N	V	L	N	R	P	B	Z	J	E
Q	N	H	M	E	X	I	C	O	X	S	V	Q	G
Y	A	F	I	W	N	A	A	Y	V	A	B	T	C
F	R	L	A	L	P	T	C	S	L	B	I	V	E
A	F	B	H	L	E	W	I	D	M	J	K	P	Y
N	O	P	A	J	E	V	R	N	C	W	Y	K	W
B	V	J	S	K	Q	M	F	P	A	I	Y	U	E
H	P	I	K	C	U	U	A	M	L	R	X	B	M
O	C	N	N	Q	J	T	D	N	V	R	V	S	F
Y	C	E	R	Y	J	E	U	L	I	U	P	D	R
S	K	L	F	L	O	D	S	Z	F	A	P	G	U
Q	S	K	N	P	L	B	L	V	M	O	K	K	D

Francia	**Alemania**	Argentina
Japón	**México**	Sudáfrica
Chile		

Montañas

B	G	M	F	H	A	G	O	O	L	F	G	E	V	F	X	E	E	R	Z
T	A	P	U	T	H	M	C	P	N	V	I	M	G	G	M	I	A	H	X
V	O	F	P	N	C	W	M	O	N	T	E	S	Z	A	G	R	O	S	M
L	V	F	S	Z	R	A	H	S	A	X	P	E	N	Y	T	W	V	O	L
X	T	J	Y	E	Y	I	S	U	C	U	Z	Y	U	M	H	F	N	Y	V
U	L	O	F	J	H	L	H	S	K	V	R	L	W	V	F	T	Q	E	H
X	E	T	T	W	M	C	C	Q	Z	W	J	B	Z	B	B	J	Q	L	P
B	L	A	C	O	N	C	A	G	U	A	A	M	P	L	I	Y	K	N	V
F	K	Q	X	C	Y	I	Z	L	L	Y	G	O	A	U	R	R	I	I	L
Z	L	W	V	V	K	W	X	I	A	J	E	N	H	L	V	I	B	K	S
G	P	Y	T	U	O	T	I	W	T	P	C	T	W	Q	T	T	A	C	H
U	N	F	Y	Z	H	G	Y	X	A	K	A	E	I	F	C	C	R	M	A
F	W	P	S	F	T	C	M	T	N	V	E	S	B	D	D	O	Z	T	N
P	T	L	K	A	H	H	C	M	T	H	C	U	E	Z	H	X	P	N	C
O	J	S	O	F	Z	R	Q	O	V	Q	U	R	H	T	Z	C	T	O	P
I	M	P	S	A	L	Z	X	E	Q	I	I	A	I	C	N	K	M	M	U
R	J	P	X	A	L	C	K	C	S	M	R	L	X	F	H	O	T	Y	J
M	M	U	Z	K	B	R	S	O	E	H	M	E	I	Y	E	U	M	M	D
B	V	V	P	A	Z	R	O	H	E	B	H	S	E	G	P	M	Y	N	T
F	N	W	E	R	D	A	M	A	R	R	E	I	S	J	Q	Q	E	D	C

Mont Blanc　　　　**Aconcagua**　　　　**MontMcKinley**
SierraMadre　　　　**MontesUrales**　　　**MontesApalaches**
MontesZagros

Mares

O	K	A	Q	E	T	B	D	E	K	A	X	B	N
A	R	C	O	R	A	L	A	O	J	B	X	H	A
L	Z	G	R	N	M	P	T	O	M	I	B	X	G
G	H	M	E	S	M	Z	C	J	G	I	F	B	U
Y	O	M	L	N	E	I	C	O	H	S	A	R	H
X	G	G	K	W	T	E	W	R	R	G	V	W	I
A	M	J	I	A	S	A	O	O	J	P	R	J	N
F	O	J	I	B	O	D	J	R	A	W	O	A	V
H	U	R	I	F	A	H	O	U	L	Y	S	C	L
L	D	N	E	B	D	R	R	X	H	L	M	C	J
A	M	V	F	R	W	B	A	L	T	I	C	O	B
Y	I	X	U	M	J	L	J	B	E	E	O	Z	O
L	P	X	V	J	I	K	V	Y	R	D	N	M	U
M	R	L	Z	T	R	V	W	D	J	B	U	Y	I

Rojo   Báltico   **Negro**
Coral   Arábigo   **Rojo**
Adriático

Volcanes

F	G	F	H	N	A	N	A	K	C	C	Q	B	H	U	S
M	R	S	U	B	T	L	Q	R	O	J	A	C	S	E	L
G	Y	X	I	J	Q	P	L	A	T	J	K	Y	Z	P	S
F	D	Z	O	O	A	N	T	E	O	K	H	F	Q	B	W
D	U	P	Q	V	S	E	I	G	P	Y	U	U	D	X	U
K	D	D	O	M	K	P	U	M	A	I	I	I	N	Q	U
H	E	K	P	P	V	G	T	L	X	L	J	F	O	Q	C
A	V	D	L	H	A	E	F	A	I	M	V	R	Y	I	R
L	X	O	I	P	B	S	P	U	F	K	Q	X	H	P	C
Z	D	H	G	E	N	O	T	S	W	O	L	L	E	Y	I
H	Q	G	R	K	T	K	X	Q	S	G	E	P	K	F	S
D	X	Q	O	O	A	Q	D	L	S	G	C	A	L	I	H
G	D	A	C	Y	J	L	C	W	V	X	P	O	A	S	F
F	Z	G	R	U	W	U	A	B	V	P	M	H	T	Z	I
I	J	U	O	L	N	Q	Z	R	R	A	G	M	K	G	B
Y	P	R	T	X	L	C	S	M	T	M	W	R	S	U	R

Cotopaxi	**Etna**	Yellowstone
Hekla	**Teide**	Cotopaxi
Kiluea		

Ríos

U	U	L	O	X	K	H	J	S	N	R	E	W	M	E
L	X	A	E	T	H	I	R	Z	F	B	U	V	P	P
P	C	O	H	B	N	Y	O	U	K	W	F	A	Y	Q
D	Z	X	D	S	C	E	W	Q	M	X	R	D	Z	Y
Z	Y	N	M	K	O	W	M	W	L	A	A	G	J	I
D	O	D	L	S	L	K	C	A	N	W	T	C	J	M
H	W	O	G	M	U	N	G	A	R	U	E	F	V	E
J	C	F	D	H	M	X	L	J	E	C	S	B	O	P
D	C	B	F	K	B	X	G	Y	P	Z	A	P	E	X
H	T	I	G	R	I	S	U	C	C	J	S	S	R	W
W	A	Q	O	D	A	R	O	L	O	C	S	O	Q	F
E	R	S	E	Q	X	U	I	V	F	C	A	E	V	X
Y	C	L	O	S	N	C	M	R	B	A	T	T	Z	Y
I	O	K	G	Q	K	B	B	D	A	V	W	K	R	H
X	B	X	U	U	L	M	E	O	T	Z	B	L	R	D

Tigris   **Éufrates**   **Amur**
Sacramento   **Paraná**   **Colorado**
Columbia

Países

K	E	Q	E	X	M	C	H	F	B	S	B	M	S	X
X	H	Y	S	V	F	D	G	J	D	O	J	Y	V	V
Y	W	P	P	O	M	L	B	R	N	A	A	A	W	P
X	D	N	A	P	D	U	Z	B	D	Z	E	V	P	J
Q	H	U	N	S	H	I	T	A	S	Q	O	C	P	Y
C	N	N	A	T	Z	E	N	R	Z	F	O	A	T	Z
P	T	J	I	E	T	A	I	U	O	L	K	G	Q	S
S	O	O	U	E	C	G	O	J	O	R	L	J	W	W
P	X	Z	Q	U	X	A	K	M	B	N	W	T	K	K
L	Y	D	R	U	C	O	B	Q	E	G	I	P	T	O
O	K	W	U	W	A	I	E	H	H	P	W	E	X	L
O	H	R	T	C	A	V	C	O	Y	Q	U	R	R	C
J	E	P	R	Q	K	F	L	H	G	A	H	P	D	T
P	Y	N	P	S	E	R	K	C	F	D	X	K	V	X
P	Q	I	Y	A	B	N	Q	I	Q	R	V	T	U	P

ReinoUnido   España   Canadá
Perú   Colombia   Egipto
Turquía

Montañas

I	S	H	I	H	X	C	G	F	C	P	I	R	T	Z	Z	P	U	A	D
H	F	E	N	U	S	P	X	X	N	T	D	D	P	Z	T	E	D	Y	W
I	R	E	K	F	D	I	V	K	A	F	H	F	N	Z	U	B	S	R	F
L	J	C	O	M	M	R	C	G	L	H	V	C	D	Q	V	E	O	X	P
F	U	P	X	X	O	I	N	X	L	N	M	B	F	L	A	P	R	M	Q
E	Q	I	L	A	N	N	E	Z	T	Y	G	I	G	H	P	W	U	N	B
F	Z	L	Q	B	T	E	T	Q	C	D	T	C	E	Q	W	Z	T	E	W
L	B	E	S	L	E	O	D	E	V	O	A	B	H	R	A	G	J	J	N
N	S	T	I	L	S	S	R	B	S	S	E	Y	K	Z	O	R	K	Y	C
D	T	T	Z	X	R	C	S	D	C	A	E	O	K	E	N	T	K	J	T
B	C	I	W	X	O	B	D	A	K	C	P	L	X	W	S	Z	J	P	H
R	L	R	B	O	C	I	D	C	N	U	T	A	K	P	O	R	W	G	V
L	B	K	Z	J	O	A	L	P	X	A	V	A	L	I	Q	K	T	U	B
S	J	R	Y	M	S	F	G	E	N	C	M	P	W	A	R	M	F	E	H
G	C	R	O	T	O	X	Q	B	O	A	N	F	D	B	C	K	Q	Q	N
I	N	S	S	O	S	X	I	H	Z	H	A	Z	T	D	J	H	Z	E	L
E	Y	J	X	P	K	Q	Y	W	K	N	V	F	D	K	W	A	E	C	Z
K	B	B	G	I	X	J	P	M	O	N	T	E	S	A	T	L	A	S	N
G	A	A	R	P	S	D	I	Q	I	D	D	W	T	N	G	Z	A	F	I
B	F	H	R	N	S	P	O	S	B	K	A	V	E	S	M	D	I	Q	U

MontesAtlas   MontesRocosos   MontesApalaches
Pirineos   Cáucaso   Selkirk
Cascadas

Mares

D	K	S	Q	Z	P	Z	Z	C	S	Z	T	X
B	X	E	H	G	S	A	Z	D	K	R	V	V
X	E	B	D	D	K	S	M	U	U	B	U	O
P	H	E	E	D	W	U	A	Q	G	G	Q	Q
Y	S	L	F	R	Y	N	T	L	C	J	X	J
A	S	E	P	T	I	M	O	R	T	L	I	M
F	W	C	D	B	I	N	S	P	X	O	F	Y
E	C	S	V	N	J	X	G	K	E	V	N	G
D	O	W	P	L	A	R	A	S	U	S	K	G
C	H	Q	J	H	V	L	M	G	Q	W	H	Q
T	C	A	J	Z	A	S	R	U	R	P	R	K
Y	V	J	X	H	M	R	I	I	D	I	M	K
R	G	B	R	H	W	M	G	F	D	M	N	W

Java   **Salton**   **Aral**
Bering   **Timor**   **Irlandés**
Célebes

Volcanes

C	P	P	M	A	U	N	A	K	E	A	M	V	S	Y	P	M
B	Z	H	N	R	C	J	X	O	Z	Q	S	F	J	T	E	Y
V	E	K	C	I	B	V	F	F	Q	C	P	S	D	P	P	I
A	L	V	Y	J	C	O	U	O	L	C	D	N	M	O	L	N
R	R	D	D	Q	H	E	U	B	O	F	R	D	I	T	D	K
E	A	O	Y	G	G	K	H	X	O	N	D	R	E	S	J	O
N	D	E	B	O	T	Q	E	K	X	X	L	P	V	M	M	X
A	R	I	Q	M	N	L	E	E	I	E	E	E	K	C	J	Y
L	C	J	F	M	A	H	T	F	H	T	W	C	A	I	O	H
C	L	M	W	U	Z	T	M	N	A	A	H	B	R	Z	J	M
X	I	M	A	S	H	O	J	C	I	H	R	K	S	Y	C	O
W	M	A	Y	E	E	L	O	O	V	C	S	O	M	U	O	U
R	L	X	A	K	H	P	Y	K	T	K	X	Q	C	F	C	Z
N	H	P	C	C	O	L	I	M	A	V	U	Z	H	Y	A	D
Z	P	A	A	P	Q	K	A	V	Q	M	X	R	X	O	P	T
D	B	Y	P	C	D	E	E	P	Y	J	W	G	L	S	O	U
F	E	M	A	B	L	I	Q	R	S	H	G	H	O	J	D	R

Tambora   Popocatépetl   Mauna Kea
Arenal   Colima   Pacaya
Fuego

Ríos

R	L	W	S	C	M	J	U	R	F	F	M	E	R	I	H	L
C	O	X	A	K	W	Q	E	Z	R	W	A	T	E	M	B	I
P	T	U	H	O	F	K	O	M	J	W	V	U	R	V	W	C
Y	P	V	Z	V	A	U	H	H	G	T	D	Z	R	N	A	X
Y	Z	A	T	B	I	R	R	D	V	Z	V	Z	A	Q	R	H
R	F	V	Q	X	G	I	Y	Y	Q	N	O	Q	D	D	O	N
W	Z	Y	P	A	M	V	Y	E	V	D	M	G	J	I	V	W
D	B	O	D	I	L	I	O	G	A	G	B	H	Y	K	Q	Q
S	B	M	U	O	D	U	S	R	F	H	J	D	X	I	Q	H
D	H	U	I	F	P	Q	O	I	B	Y	V	K	T	V	R	I
T	Z	R	X	O	G	L	E	T	S	E	U	H	Q	R	P	A
X	A	R	B	Y	O	A	P	L	W	I	T	O	V	P	J	R
G	R	A	Q	C	P	D	Q	M	Q	V	P	I	B	F	X	A
L	F	Y	B	Q	W	A	T	A	M	E	S	I	S	M	Q	R
E	Q	Z	Q	O	N	U	U	K	A	D	A	C	N	D	Y	V
C	K	O	O	A	K	G	E	O	O	V	J	V	O	M	W	R
H	J	P	E	R	X	E	A	H	F	I	M	H	O	J	W	I

Loira   Támesis   Murray
Ebro   Guadalquivir   Misisipi
Colorado

Países

X	A	F	L	P	D	U	O	N	I	F	S	D	V
S	Q	I	P	L	T	L	Q	Z	T	N	K	M	Y
I	Q	I	R	X	Y	F	J	S	A	F	L	H	O
E	H	B	X	E	J	A	O	T	L	I	A	P	V
O	L	D	K	Z	G	N	S	H	I	X	E	X	P
C	R	Q	P	K	S	I	S	M	A	G	J	N	U
L	S	B	B	O	K	T	N	E	E	S	P	D	W
T	S	U	D	A	N	N	R	M	R	W	X	Y	K
G	W	Q	P	C	U	E	B	N	O	Y	S	D	D
M	U	K	L	Z	D	G	M	Q	C	H	Y	Q	Z
X	A	I	C	N	A	R	F	F	X	F	K	J	U
V	L	C	W	Z	N	A	V	F	L	T	C	A	M
I	J	Q	U	O	H	P	S	X	C	Y	P	F	Z
C	X	C	E	R	B	A	I	G	K	S	T	V	D

Francia   Italia   Sudán

Pakistán   Corea   Nigeria

Argentina

Mares

N	T	G	C	H	U	K	O	T	K	A	H	C
M	H	O	S	P	A	F	G	C	Z	K	S	A
U	Q	K	I	E	Z	F	Q	A	I	X	F	L
O	U	F	R	J	B	D	J	U	K	N	T	D
D	I	O	Y	E	B	E	R	I	N	G	O	M
J	J	C	L	V	I	B	L	N	G	N	J	J
O	G	I	B	A	R	A	X	E	S	L	V	F
J	P	F	B	F	V	F	D	V	C	F	M	P
U	T	E	H	J	N	F	F	Z	J	N	C	B
N	H	C	V	A	G	I	T	C	Z	L	B	U
T	X	Q	J	I	W	N	L	K	V	P	W	U
E	Z	W	V	N	T	C	J	Q	T	L	D	D
Q	F	P	W	B	V	T	V	N	V	N	K	D

Rojo	Jónico	Célebes
Arábigo	**Bering**	Chukotka
de Baffin		

Volcanes

Y	Z	L	D	Q	Q	P	R	B	O	N	J	L	R	Y	P	I
K	K	V	T	A	K	Q	H	K	W	O	T	I	U	M	K	Z
L	S	M	T	E	R	M	R	X	Q	H	P	M	O	M	P	Z
T	P	B	R	I	P	A	Y	U	L	L	G	J	I	P	X	K
G	H	T	N	E	K	E	Z	N	Z	C	W	L	B	P	P	I
H	W	N	N	A	B	J	T	F	U	P	C	W	U	Z	D	C
U	O	J	T	Y	U	W	X	A	R	P	O	H	S	G	G	Z
E	O	O	W	S	V	C	K	N	C	R	T	W	E	E	F	V
Q	A	F	T	H	M	V	T	T	X	O	O	C	V	K	X	C
X	N	G	G	D	E	M	V	E	U	C	P	S	N	S	L	C
U	D	M	W	O	E	D	I	W	Y	H	A	O	L	S	F	A
K	A	O	B	F	B	P	S	F	Y	I	X	I	P	S	B	D
A	J	V	U	T	K	N	V	F	U	J	I	Y	A	M	A	C
X	D	P	Z	Y	A	A	D	R	R	D	N	I	J	Q	G	O
N	S	P	H	N	O	H	T	U	R	T	J	V	Y	O	A	D
J	O	W	R	U	P	N	T	L	D	S	M	G	N	M	S	L
H	N	M	U	K	T	U	A	C	Q	T	N	P	C	O	R	X

Cotopaxi　　　　**Krakatoa**　　　　**Vesubio**
Etna　　　　　　**Hekla**　　　　　**Popocatépetl**
Fujiyama

Ríos

E	E	Q	T	U	Z	B	Q	Y	L	P	I	R
A	T	R	F	Y	E	Z	V	Z	Q	W	X	Z
N	A	S	R	C	L	Y	L	I	V	B	C	A
A	S	R	E	F	C	D	M	P	P	V	R	B
R	F	W	U	G	Y	Y	E	X	F	T	Z	F
A	M	A	Z	O	N	A	S	B	G	F	G	U
P	Q	J	V	K	C	A	T	O	G	B	Z	K
A	J	M	E	K	O	N	G	N	D	K	Q	N
C	J	M	O	P	R	A	N	W	F	Q	I	O
K	R	F	X	Z	M	D	A	L	I	V	H	X
E	Y	A	A	E	M	L	Y	S	F	G	P	X
B	I	U	F	P	J	L	H	P	W	L	Z	T
D	A	N	U	B	I	O	G	X	Y	K	A	W

Po	**Yangtsé**	**Ganges**
Mekong	**Paraná**	**Amazonas**
Danubio		

Países

D	M	P	A	W	A	E	L	I	H	C	R	H	B
B	V	C	W	I	R	Y	S	Z	S	A	S	U	P
P	I	L	B	Z	D	X	H	P	T	N	M	L	V
S	Y	K	M	U	J	N	M	C	A	U	O	I	G
O	G	M	X	O	H	O	A	D	V	N	R	S	T
A	C	A	U	S	T	R	A	L	I	A	A	A	W
Y	I	R	Q	F	Z	N	L	J	N	S	F	R	W
M	M	R	U	C	A	N	C	I	T	I	Q	B	T
R	T	U	O	C	E	J	X	S	W	U	F	W	Y
W	B	E	B	N	P	Z	X	J	U	W	S	G	M
J	W	C	U	H	V	I	P	E	U	Q	Q	R	A
U	J	O	L	I	T	D	T	E	R	Q	I	E	Z
R	T	S	N	W	L	K	R	M	W	X	U	P	F
Q	L	U	L	I	M	R	M	C	L	F	N	X	I

Australia	**Canadá**	España
Marruecos	**Chile**	Finlandia
Brasil		

Montañas

V	W	O	P	E	R	Y	P	S	N	C	J	O	A	Y	E	U	M	M	H	R	F	C
E	B	H	B	P	N	I	P	E	P	T	H	H	K	N	W	G	D	S	D	O	H	I
T	G	U	J	M	F	H	V	A	J	V	U	M	B	X	Z	K	U	G	D	C	T	L
J	J	J	G	I	Q	M	H	Z	Z	I	T	V	P	O	R	D	F	I	L	Q	I	I
P	X	Y	W	S	P	U	B	W	Z	J	E	U	T	E	E	A	G	Z	D	Z	F	S
H	F	Y	N	I	Z	I	E	K	K	I	D	G	Q	T	V	E	M	E	K	L	S	W
C	S	R	F	Y	B	S	X	W	X	S	U	B	E	U	K	G	R	X	P	A	O	E
E	K	P	L	M	O	N	T	A	N	A	S	S	E	L	V	A	T	I	C	A	S	R
U	R	W	P	T	Z	Z	W	A	R	C	F	G	X	W	J	T	I	N	Z	K	Q	V
Z	N	O	C	R	G	A	S	J	L	N	N	P	N	W	V	S	S	S	Q	Y	F	R
V	N	L	G	Y	Z	T	G	D	R	A	K	E	N	S	B	E	R	G	X	D	G	N
J	F	G	N	E	Z	A	P	R	V	L	A	V	Q	F	B	D	R	U	M	Q	K	F
S	H	Q	I	U	X	B	F	O	O	B	P	D	B	X	F	N	C	P	C	F	J	K
J	B	P	S	W	V	W	E	X	F	S	S	I	O	K	W	A	M	F	D	A	O	J
B	F	A	A	Q	W	N	Z	H	V	A	Y	V	U	R	A	L	E	S	M	R	E	Z
G	S	T	X	R	D	S	K	I	H	N	I	C	X	A	T	Z	T	K	F	L	Z	I
Q	U	M	P	O	W	M	M	O	A	A	O	Q	K	C	I	J	K	F	F	J	G	U
X	X	T	V	U	B	O	I	F	E	T	V	M	T	E	O	Q	C	C	A	S	V	P
X	P	B	V	K	I	O	B	G	P	N	W	E	I	X	T	A	P	F	M	C	V	N
Z	W	I	L	X	K	W	F	K	V	O	O	H	N	W	R	D	K	R	M	A	W	S
F	J	K	S	O	B	D	J	D	Q	M	F	J	B	U	B	J	X	X	D	N	J	X
A	G	O	N	G	J	E	J	G	B	T	O	D	K	B	K	G	C	I	X	S	P	M
G	Q	V	N	C	Q	M	H	J	Y	I	F	M	P	R	M	F	B	P	Y	U	X	R

Urales   Zagros   **Sudetes**

MontañasBlancas   Drakensberg   **Andes**

MontañasSelváticas

Mares

O	M	M	L	M	H	M	W	A	Y	M	X	O	S
N	A	J	R	Z	W	C	T	V	T	N	S	N	V
K	S	A	D	I	F	D	K	U	E	N	Z	E	P
U	J	P	D	H	H	I	E	A	J	O	W	S	G
U	X	O	E	N	D	K	K	L	K	I	M	D	U
D	B	N	Q	B	A	L	T	I	C	O	Q	N	Q
I	P	O	B	D	Q	L	D	A	F	O	W	U	O
D	F	O	J	S	X	H	R	Y	R	X	R	M	C
F	G	W	N	Y	Z	O	U	I	D	S	H	A	Z
H	S	A	X	Q	J	H	N	E	E	Q	O	N	L
C	J	J	A	O	K	B	R	C	L	D	U	C	V
T	Y	I	Z	A	Q	O	U	S	K	K	D	B	Q
U	E	L	F	U	S	X	R	B	Y	M	N	M	U
K	J	A	Y	S	W	V	O	R	E	H	J	U	Y

Amundsen   **Báltico**   **DeRoss**
DeIrlanda   **Japón**   **Rojo**
DelCoral

Volcanes

P	Z	H	R	X	M	F	J	D	H	E	E	A	X	P	E
W	S	B	P	X	K	K	K	H	M	N	A	O	E	T	M
R	J	R	H	M	P	C	Z	J	Y	O	E	U	X	N	M
J	M	A	L	F	K	W	O	K	T	T	I	K	F	Y	X
D	U	X	F	B	V	Q	C	A	S	S	Q	L	Y	M	D
W	K	V	S	I	L	L	K	R	R	W	C	X	Z	W	Y
Z	A	N	G	R	T	A	J	W	A	O	I	D	Y	G	J
W	A	Q	H	A	R	E	N	A	L	L	Z	B	I	T	W
R	X	W	T	K	H	O	F	I	K	L	O	H	R	W	F
F	P	A	M	I	H	H	M	H	E	E	S	Q	W	Z	G
V	H	L	P	A	C	A	Y	A	H	Y	N	Z	T	U	S
Z	C	H	T	A	V	I	M	E	X	S	Y	M	E	K	S
A	M	F	R	U	N	A	W	A	P	I	D	W	I	Q	L
B	N	X	N	I	H	V	Q	H	M	S	W	H	D	M	V
A	J	U	W	B	K	O	X	P	C	T	U	E	E	N	X
A	G	G	C	L	Y	B	O	N	P	V	U	X	T	O	O

Yellowstone   Teide   Arenal
Colima   Pacaya   Hekla
Krakatoa

Minerales

R	J	S	R	C	L	Y	Q	H	T	X	P	V
B	F	F	J	V	G	E	D	E	K	I	W	F
F	S	L	N	D	L	V	U	L	P	S	N	O
N	M	I	F	K	I	P	U	M	G	A	T	T
S	O	O	R	P	Q	A	Z	W	T	N	W	P
N	L	U	D	V	I	V	M	D	Z	V	Y	F
O	M	F	F	P	S	M	A	A	I	W	O	E
T	R	C	O	R	F	K	D	M	N	Z	R	I
J	C	O	B	R	E	V	J	O	C	T	R	Q
A	O	F	M	U	R	C	B	U	F	G	E	J
L	T	U	F	U	W	R	N	C	C	S	I	K
Q	A	Y	P	L	A	T	A	F	D	Y	H	H
I	I	I	R	C	Y	A	V	Q	U	L	U	D

Oro   **Plata**   **Diamante**
Cobre   **Zinc**   **Hierro**
Carbón

Ciudades

M	Z	C	C	P	D	V	K	O	I	J	W	E	L
V	I	Y	V	G	P	I	L	O	H	T	H	B	J
R	R	Q	L	K	A	J	I	C	V	P	I	K	Z
C	Q	X	Q	O	R	R	H	H	U	J	R	M	G
A	L	Q	Y	K	I	O	C	V	E	L	Q	G	L
E	X	N	F	Z	S	K	Y	G	Q	O	U	E	W
Z	F	R	I	V	K	R	O	A	W	K	C	L	F
U	L	C	L	K	E	V	J	T	V	M	S	B	G
G	C	M	F	B	E	N	M	L	E	E	K	B	U
H	B	I	O	E	C	P	E	E	W	R	U	A	F
Y	Q	U	U	M	O	B	L	E	R	P	C	N	T
O	B	P	I	Z	D	J	L	V	U	I	S	U	U
O	J	C	W	Y	X	S	E	R	D	N	O	L	I
W	Q	E	I	Y	I	H	Q	P	A	G	M	G	M

París   **Londres**   **NuevaYork**
Tokio   **Moscú**   **Pekín**
Río

Desiertos

M	Y	S	J	G	L	I	H	E	F	C	Q	G	E
S	Q	C	C	T	B	O	E	J	V	N	K	X	A
W	Z	Y	E	V	A	T	H	P	I	L	J	K	B
H	R	X	F	K	Q	V	E	U	A	T	C	T	Q
M	O	T	C	A	B	O	S	I	M	P	S	O	N
S	I	E	X	L	I	J	Q	T	A	U	E	K	F
K	A	D	D	A	E	N	V	P	C	L	F	U	K
P	I	H	R	H	Q	B	O	G	A	M	L	S	L
V	N	F	A	A	J	S	N	G	T	A	D	G	Q
S	K	T	F	R	M	A	E	T	A	H	O	Y	V
J	J	I	Y	I	A	S	L	C	Z	T	M	T	N
L	E	L	S	B	G	O	D	I	N	C	A	R	A
S	U	V	L	O	Q	F	S	X	N	M	I	P	R
L	A	B	P	G	J	W	P	V	P	M	K	F	A

Sahara   Kalahari   Atacama
Gobi   Simpson   Arácnido
Patagonia

Islas

C	L	J	D	V	P	M	H	P	S	S	H	N	A	V
E	O	E	N	R	O	B	G	G	D	Z	E	Y	E	Z
E	M	V	H	K	A	J	B	I	Z	W	K	U	L	F
P	U	A	T	E	R	C	Z	A	G	I	B	V	K	D
I	J	I	F	L	T	T	S	W	L	X	U	U	O	U
F	D	Y	B	Q	U	F	Q	A	W	I	J	A	S	A
S	J	B	L	Q	Z	S	Z	H	G	D	L	I	J	S
L	J	Z	X	F	C	M	J	S	Q	A	T	D	H	R
L	U	Y	U	Q	O	L	V	V	Q	R	D	N	D	S
W	V	S	M	Z	E	X	H	K	C	N	Z	A	I	H
V	G	X	P	C	W	U	Q	C	B	O	B	L	M	X
Q	Y	K	Q	T	E	E	P	I	C	C	L	S	Z	F
R	B	B	I	X	L	E	E	V	D	L	L	I	T	B
Y	P	O	D	J	J	G	W	M	K	V	X	I	D	U
V	T	L	I	N	N	W	M	U	M	M	D	J	L	M

Bali   **Hawái**   Creta
Borneo   **Islandia**   Madagascar
Fiji

Animales

E	B	A	B	J	J	Y	G	J	U	Q	W	O
U	E	Z	F	X	A	G	P	B	K	O	U	M
D	E	T	N	A	F	E	L	E	Y	L	P	M
N	E	W	R	F	G	L	T	S	N	S	P	B
E	A	L	D	A	G	U	I	L	A	S	J	X
F	R	Z	F	R	Q	X	S	S	D	R	Y	H
Q	N	G	D	I	G	H	I	L	N	Z	U	I
E	Y	Y	I	J	N	O	E	L	A	P	O	J
U	O	F	D	T	O	Q	S	X	P	N	Q	P
Z	X	K	N	U	H	P	V	S	H	I	U	B
K	N	R	O	E	B	T	F	L	K	J	E	D
C	L	H	W	I	L	F	F	L	S	Z	H	R
B	P	Y	P	D	F	J	L	A	Z	V	L	S

León   **Tigre**   **Elefante**
Panda   **Jirafa**   **Delfín**
Águila

Cordilleras:

U	M	F	E	A	I	A	Y	F	B	W	U	G	I	H	U	P
D	X	I	Y	U	L	T	L	O	Y	P	T	Z	Z	W	U	D
J	M	A	C	R	S	U	F	T	C	A	F	J	F	C	Q	P
A	Y	O	U	K	R	E	X	N	T	J	S	W	N	Q	H	I
B	R	T	N	X	F	V	P	O	T	R	S	L	S	W	F	N
D	G	J	K	T	N	W	F	L	S	S	J	V	U	D	X	Y
Q	C	U	W	S	E	R	T	Z	A	X	C	H	A	G	R	K
S	W	A	P	Z	A	S	B	J	K	B	K	K	D	O	T	I
Y	H	U	S	L	W	C	U	B	A	Y	A	R	P	F	A	X
X	Z	E	S	C	V	R	C	R	P	Y	H	I	W	T	A	I
S	N	V	U	X	A	Y	L	L	A	N	J	K	B	N	O	N
D	A	K	G	G	D	R	L	L	L	F	L	D	M	O	I
S	I	O	L	U	R	S	A	W	A	E	E	E	P	K	Q	V
S	C	J	C	I	K	M	Y	S	C	H	S	S	J	Q	N	J
Z	Q	D	Z	E	I	F	T	M	H	W	S	L	S	M	Q	O
D	M	Q	C	H	L	W	T	M	E	J	G	Q	I	I	Q	A
H	X	S	Z	X	D	D	Q	U	S	I	F	X	Y	P	Y	A

Andes	**Alpes**	MontesUrales
Apalaches	**Himalaya**	Cascadas
Selkirk		

Elementos Naturales

N	V	P	J	R	L	A	V	A	F	V	G
P	R	Q	W	R	J	F	K	V	T	O	D
T	P	J	G	B	P	I	L	D	Y	P	J
B	D	Q	O	A	E	K	C	Z	R	J	Z
I	D	F	R	Z	A	W	F	B	V	J	O
I	X	U	N	K	I	L	F	W	G	F	Y
I	L	S	H	S	T	N	G	A	G	U	A
R	Z	E	S	Z	F	G	A	R	I	O	R
L	S	Y	E	E	R	D	D	R	G	R	G
V	T	W	K	O	K	K	H	E	G	D	E
X	A	T	E	H	N	D	U	I	S	H	W
I	V	Q	E	G	J	F	B	T	Q	J	P

Fuego	Agua	Aire
Tierra	Rayo	Granizo
Lava		

Flores

A	G	Q	F	V	Y	W	S	G	H	B	F	H	O
H	Q	V	V	L	E	C	E	F	K	X	S	V	J
A	Q	U	E	I	P	Y	J	E	L	T	F	V	R
V	M	K	S	T	U	J	M	R	N	N	F	W	O
V	L	A	D	I	G	C	A	Z	O	L	X	Q	P
N	H	F	P	O	R	U	R	C	K	D	S	O	L
I	R	P	T	O	X	J	G	A	S	A	I	C	M
W	U	S	K	D	L	J	A	R	E	R	B	L	G
B	A	G	J	C	A	A	R	D	I	D	R	A	Q
K	F	H	Z	N	A	P	I	L	U	T	O	V	V
Y	C	G	N	Z	Y	U	T	R	I	W	S	E	C
V	S	K	T	N	Q	F	A	L	K	K	A	L	B
R	U	Y	Y	R	S	J	C	U	R	Q	V	F	Y
P	I	P	O	K	S	X	C	E	K	Z	N	V	J

Rosa   **Tulipán**   **Orquídea**
Lirio   **Margarita**   **Amapola**
Clavel

Aparatos Geodésicos

E	C	E	O	Q	X	Q	C	T	A	E	I	X	F	Z
F	J	B	P	T	F	R	O	P	U	Y	Q	H	T	E
N	P	N	X	L	I	C	D	J	W	K	B	W	Z	Q
L	X	O	T	I	L	L	A	I	T	J	V	Z	N	N
N	S	S	Q	Q	O	F	O	C	O	N	P	Z	L	O
P	P	Q	E	G	N	C	P	D	Z	C	S	E	Z	C
G	V	M	S	X	K	S	K	B	O	O	O	U	X	I
T	J	Z	T	Q	T	J	Q	J	B	E	A	B	K	T
M	N	D	A	J	L	A	I	L	N	L	T	V	E	A
D	K	H	C	P	C	C	N	N	I	V	G	M	L	M
J	Q	V	I	V	A	N	I	T	V	X	T	U	G	S
P	R	S	O	A	Q	L	F	N	E	O	J	G	K	I
N	F	W	N	Y	I	T	R	O	L	U	U	Q	L	R
I	H	I	B	V	P	Y	I	M	R	F	A	Z	T	P
F	W	T	G	D	M	V	Q	B	Y	A	V	D	O	K

Brújula   **Teodolito**   **GPS**
Sextante   **Nivel**   **Estación**
Prismático

Constelaciones

S	K	G	G	J	Z	M	S	V	Z	P	Y	N	Z
X	N	H	A	Z	R	L	J	Z	O	G	Q	I	A
A	I	B	C	M	L	T	X	M	L	R	D	U	E
J	W	N	H	Y	N	Q	B	X	H	H	U	P	J
O	X	E	M	E	T	U	A	O	P	X	E	A	G
B	I	T	Q	T	C	N	C	I	E	V	L	N	T
W	E	Y	H	P	Q	A	I	Y	G	F	I	D	O
J	Z	Z	M	M	T	S	S	N	A	X	M	R	T
S	W	V	E	W	H	L	N	I	S	H	I	O	J
D	A	M	K	Y	N	T	E	O	O	O	O	M	W
S	G	J	A	L	T	S	K	S	N	P	D	E	I
O	K	M	G	A	F	C	L	I	Y	P	E	D	L
C	R	E	N	N	W	L	A	P	F	N	Y	A	F
J	P	X	T	P	H	Z	E	R	H	A	H	L	E

Orión   **Andrómeda**   **Casiopea**
Tauro   **Cisne**   **Leo**
Pegaso

Países

D	L	I	S	A	R	B	P	D	X	F	N	V	O
Z	D	D	G	T	A	W	O	P	V	M	E	G	H
K	D	X	A	U	S	T	R	A	L	I	A	L	D
P	A	O	W	L	S	N	P	Q	H	H	O	G	K
S	G	Y	A	Q	E	J	B	V	K	K	P	Y	O
H	A	Z	T	V	R	M	A	P	X	A	E	S	N
W	P	Z	M	N	E	F	A	F	D	D	L	N	B
P	X	W	N	G	A	I	D	N	I	A	I	T	L
A	N	A	P	S	E	B	D	Z	I	N	H	B	T
R	T	G	M	C	I	G	F	P	T	A	C	D	N
V	C	S	B	C	I	N	W	I	U	C	R	R	L
F	Y	S	A	L	B	X	F	G	R	A	Y	B	Q
C	O	F	D	F	R	L	B	Z	R	Q	K	X	F
I	Y	M	R	T	S	O	L	O	G	E	D	F	Y

Alemania	**India**	**Canadá**
Australia	**Brasil**	**Chile**
España		

Minerales

H	I	Z	T	G	N	W	O	T	X	J	C	Z
R	Z	O	I	C	A	P	O	T	U	P	U	W
L	E	D	A	J	Q	M	P	Q	C	B	X	J
O	F	B	S	T	A	P	A	V	X	H	D	D
C	N	K	I	M	S	N	L	O	N	A	M	X
B	I	E	P	R	C	I	O	Z	L	P	Y	I
L	P	J	R	W	N	Y	T	R	A	C	V	Q
A	V	J	N	F	E	F	E	A	R	H	C	Z
P	D	I	B	B	I	P	I	U	M	C	G	U
D	O	T	J	G	L	X	B	C	I	A	Y	Q
F	V	X	Z	E	E	I	E	V	Q	X	T	E
A	A	G	L	J	P	U	W	O	M	Z	F	X
S	H	S	Q	I	F	C	J	A	A	N	O	S

Amatista   **Jade**   **Rubí**
Cuarzo   **Topacio**   **Perla**
Ópalo

Ciudades

Y	K	Q	T	Y	V	Q	Z	V	L	Y	E	L	X	U	R	W	X
J	H	M	R	W	L	Z	T	K	G	Q	K	B	K	A	W	U	R
G	P	I	I	D	A	J	V	E	V	G	O	M	M	X	I	Z	I
O	Q	D	D	J	X	O	Z	J	W	N	S	Q	Q	H	K	U	M
E	H	Z	B	H	Q	H	B	Y	M	C	X	Z	P	F	T	K	H
G	Y	E	R	U	Q	A	K	E	L	Y	G	X	F	A	R	M	B
Y	L	H	V	F	E	N	A	N	G	U	J	K	Z	Q	Q	N	M
D	H	P	E	K	I	N	M	D	M	Y	C	O	P	U	A	M	R
L	J	U	Y	M	H	E	O	I	R	U	N	K	Z	E	E	O	C
X	D	V	O	K	S	S	R	S	A	J	M	G	M	X	C	Q	U
I	V	M	W	Y	E	B	G	X	A	Z	H	N	Z	E	O	J	R
S	O	G	L	T	N	U	M	A	M	I	G	A	V	M	Z	L	V
A	B	T	N	I	L	R	E	B	Q	E	R	B	A	P	E	M	W
I	R	G	C	B	O	G	K	M	T	M	J	E	M	X	C	U	L
A	G	T	D	B	C	O	N	X	M	S	M	A	S	S	D	H	K
Y	N	A	J	W	D	P	Z	K	K	G	X	F	L	S	F	X
X	B	K	D	H	Z	G	C	M	K	E	B	I	J	J	J	J	I
O	Q	C	K	Z	Q	G	O	S	P	U	E	C	U	Q	Z	C	H

Berlín   **Roma**   **BuenosAires**
Sídney   **Pekín**   **Johannesburgo**
Bangkok

Desiertos

G	Y	G	H	P	S	K	C	W	H	K	H
K	R	L	L	X	Y	N	T	Q	A	B	U
P	A	W	N	O	D	B	E	U	Z	R	B
R	L	D	W	S	S	Q	Y	G	O	B	I
Q	M	D	C	U	I	U	T	U	E	E	T
S	W	Q	V	I	C	M	C	H	V	V	P
V	Y	R	S	X	M	F	P	X	A	I	R
W	Z	L	T	N	K	N	X	S	J	R	H
H	F	X	Y	A	A	R	O	N	O	S	T
A	P	O	E	M	R	X	F	S	M	N	W
H	A	M	I	B	J	E	H	S	S	Y	N
C	T	B	N	V	H	L	Q	T	Y	H	L

Mojave   **Sonora**   **Negev**
Namib   **Simpson**   **Gobi**
Thar

Islas

U	D	X	Z	M	G	T	N	M	Z	U	O	B	P
Q	R	E	G	V	P	T	D	M	K	O	E	W	E
S	B	V	Q	Z	E	H	A	D	V	G	U	M	D
B	U	F	R	E	F	W	Y	S	Y	A	A	U	A
L	G	M	L	X	C	G	W	Z	M	L	M	A	L
K	Q	J	A	Z	I	B	I	R	D	A	D	I	J
G	T	L	N	T	G	S	O	I	A	P	N	L	Z
Z	Y	M	T	C	R	A	V	L	A	A	S	I	P
G	N	K	M	A	K	A	O	W	J	G	V	C	A
K	P	G	B	A	S	G	O	V	Z	O	E	I	L
N	K	H	U	Z	X	R	H	D	U	S	T	S	A
O	U	K	C	Z	U	H	A	A	O	S	X	L	U
B	C	B	Z	I	O	R	A	P	B	I	X	Z	M
P	C	K	Y	L	S	M	Y	A	N	S	L	G	O

Ibiza   Sicilia   Tasmania
Palau   Sumatra   Maldivas
Galápagos

Animales

B	P	P	V	I	L	D	T	V	J	A	Q	T
W	Z	I	N	B	Q	V	I	H	I	R	O	Y
X	P	Y	N	Z	J	V	W	D	A	N	R	G
K	Z	J	C	G	J	V	C	Z	Q	O	U	Z
C	Y	V	A	V	U	O	T	A	Z	R	G	J
P	T	G	W	Q	K	I	L	J	S	M	N	O
N	S	A	D	R	B	A	N	B	E	E	A	U
U	F	R	V	U	O	R	R	O	Z	N	C	X
H	N	I	R	K	E	B	Y	D	E	P	O	L
X	D	O	F	E	T	I	O	L	T	H	I	I
B	N	P	L	Y	Q	S	L	L	C	C	G	S
Q	I	B	L	T	U	A	Q	E	X	E	T	B
U	R	M	K	C	B	F	A	E	W	W	W	Y

Lobo	**Zorro**	**Ballena**
Pingüino	**Koala**	**Tiburón**
Canguro		

Cordilleras

I	U	F	H	F	E	N	C	Q	X	N	O	R	P	M	K	L	M	S	V	N	C	L
R	A	Y	A	R	H	P	T	F	C	D	F	X	V	C	S	X	T	A	M	A	C	H
T	U	S	S	C	W	R	O	T	L	N	Q	G	C	U	X	L	W	K	A	R	C	Y
K	K	M	A	W	Q	A	A	K	W	V	S	S	F	S	D	B	B	E	B	M	Q	F
U	N	G	O	C	R	E	K	P	F	Y	B	A	D	W	E	I	R	O	V	I	F	J
O	Z	F	N	R	I	F	J	O	K	Z	D	S	S	B	H	D	B	B	J	D	Y	K
E	N	Q	A	K	D	T	M	S	K	N	Q	O	W	C	A	R	N	V	N	N	N	D
S	N	B	O	B	G	F	A	S	M	S	F	C	W	M	M	I	V	A	U	P	Q	V
S	Q	Q	R	V	C	R	U	V	O	M	Q	O	A	R	Z	H	N	E	O	T	P	R
S	D	P	V	S	V	H	S	T	L	U	Y	R	X	H	L	H	J	N	T	D	F	V
I	M	E	J	E	S	D	A	D	I	E	R	W	Z	N	L	L	J	C	Q	L	M	K
C	D	I	A	H	Z	P	Z	N	T	E	S	Q	L	D	M	A	C	A	Y	X	Z	T
O	H	V	D	C	R	E	P	D	I	V	J	S	T	M	I	R	K	N	F	O	E	B
L	P	F	R	A	O	E	Q	S	Q	N	Z	H	A	J	H	L	Y	Y	H	P	N	K
Q	S	U	C	L	S	O	I	X	T	H	D	U	A	N	V	N	B	K	T	X	O	K
B	Z	O	R	A	E	O	B	G	A	J	Z	A	T	L	A	S	U	V	N	P	H	E
G	I	Z	A	P	A	U	C	B	F	E	Y	W	H	H	Z	T	I	I	P	Z	Y	S
O	F	J	X	A	Q	Q	G	R	P	A	H	X	J	Y	F	N	N	G	I	B	U	D
D	A	B	V	R	E	H	S	C	K	Z	M	S	B	I	J	U	T	O	H	P	M	T
U	F	J	T	N	S	U	F	J	I	S	K	N	N	K	E	Y	N	W	M	G	D	V
K	I	R	F	W	M	K	G	U	C	O	Q	M	X	P	D	X	Y	P	S	A	W	K
D	K	T	W	M	I	I	Q	W	D	D	S	V	I	B	W	F	C	B	Y	K	E	T
Y	G	F	H	U	P	Z	F	E	W	W	X	F	E	X	E	V	M	B	I	A	L	Q

Sierra Madre   Rocosas   Andes
Apalaches   MontañasSelváticas   Cárpatos
Atlas

Elementos Naturales

C	Q	H	G	A	T	H	D	E	X	X	L	D
V	A	P	L	N	C	N	S	Q	G	K	O	L
E	I	T	L	Q	V	M	O	T	A	A	S	D
T	W	E	N	Z	S	O	S	X	Q	S	P	U
P	I	B	N	E	N	T	I	Z	N	G	D	T
X	I	R	I	T	M	O	S	Y	Q	R	X	Y
I	Q	M	E	D	O	R	M	F	J	N	S	Y
E	N	F	B	A	T	N	O	H	P	A	R	Z
D	F	D	L	N	Z	A	V	T	C	F	C	Y
N	J	L	A	F	L	D	X	O	D	N	I	S
Y	Y	L	A	U	R	O	R	A	Z	D	J	A
B	D	U	G	L	L	E	C	Q	Z	P	Z	Q
K	H	J	L	I	F	X	M	E	M	Q	M	I

Viento	Tormenta	Aurora
Rocas	Niebla	Sismo
Tornado		

Flores

X	M	N	R	E	S	B	U	P	T	S	Z	R	J
R	W	C	Y	X	X	E	O	Z	R	A	G	D	D
J	E	D	L	C	L	G	I	N	K	L	B	C	H
J	P	H	H	T	I	O	E	L	P	O	L	S	I
R	U	E	O	R	L	N	J	V	A	N	Q	S	L
P	F	I	A	R	W	I	Q	T	K	L	J	D	O
R	T	S	I	I	T	A	I	D	I	P	B	E	T
I	O	R	L	X	I	E	N	I	A	W	C	D	O
L	R	V	E	G	X	H	N	H	Q	V	A	P	J
S	T	Q	M	O	D	E	K	S	O	L	S	N	J
C	F	N	A	R	C	I	S	O	I	M	J	F	G
O	Z	N	C	F	V	O	S	A	X	A	O	Y	K
A	S	J	M	E	H	B	E	N	K	E	G	H	Z
Q	M	U	Q	N	P	S	M	L	T	J	B	A	R

Girasol   Hortensia   Camelia
Dalia   Narciso   Begonia
Loto

Aparatos Geodésicos

G	P	N	Y	T	K	V	R	F	N	O	G	L	Q	Q	G	O	O
O	H	Z	N	M	M	Q	U	K	Z	A	P	Q	D	B	O	K	Z
C	W	X	Q	W	Q	A	O	R	T	M	U	X	L	R	H	L	D
A	D	C	H	I	J	K	D	X	T	P	R	X	T	I	K	V	D
P	I	S	F	M	E	S	T	A	D	A	L	E	N	J	A	S	O
H	J	L	S	V	Q	H	V	B	M	Q	M	B	E	E	K	N	S
Z	A	N	E	T	N	A	E	N	L	O	P	U	X	L	L	J	N
X	W	D	Y	Y	H	E	S	M	D	R	L	O	H	R	A	M	W
A	F	N	D	I	V	P	L	O	I	T	H	P	W	Y	M	R	G
K	Q	Y	T	G	E	M	E	S	M	E	S	E	I	K	L	F	H
W	E	W	Z	F	J	U	M	A	N	M	C	U	O	S	R	F	W
R	G	N	E	G	J	A	U	X	S	I	Z	R	K	M	P	X	G
N	M	V	O	R	T	S	T	B	X	T	N	W	G	P	R	Y	D
X	E	R	F	I	A	L	Z	P	J	L	D	I	A	I	O	N
V	G	D	C	V	D	D	G	K	O	A	K	W	F	E	T	N	A
C	Y	O	R	L	Z	P	Q	Q	R	S	F	X	Z	B	I	R	W
E	S	T	A	C	I	O	N	T	O	T	A	L	N	M	R	Z	Q
F	P	P	S	I	A	A	R	B	H	V	X	J	P	H	H	T	I

Plomada   Altimetro   Prismáticos
Odómetro   Estadal   Antena
EstaciónTotal

Constelaciones

S	I	A	A	N	Q	E	M	C	O	G	R	I	V	S	A
T	D	N	E	O	Y	J	V	G	N	J	U	R	H	R	B
E	H	M	Q	I	O	G	O	U	S	E	Q	E	M	X	I
K	H	F	X	Q	F	S	I	C	S	I	P	C	Z	F	W
F	N	L	D	V	V	S	F	C	C	S	R	N	L	G	J
H	V	Y	O	I	N	R	O	C	I	R	P	A	C	V	M
Q	F	I	O	G	Z	R	F	V	G	P	T	C	T	I	U
Y	G	K	B	J	P	C	Y	A	D	X	B	Z	G	O	L
O	K	P	T	I	G	A	M	A	G	G	Z	O	O	N	D
C	V	X	O	U	E	A	R	R	P	H	I	M	O	H	M
P	I	B	I	S	M	B	G	A	P	N	V	A	R	X	B
I	D	O	C	Y	I	T	L	F	P	J	G	Z	E	T	X
H	D	Q	J	L	N	N	P	E	K	L	G	X	I	B	Y
J	Q	J	Q	Y	I	W	R	F	D	R	P	G	F	J	T
D	F	Q	P	P	S	Z	H	U	H	N	D	I	E	M	U
I	N	F	K	C	T	H	W	K	P	M	C	K	K	L	D

Géminis	**Escorpio**	**Libra**
Virgo	**Piscis**	**Capricornio**
Cáncer		

Países

T	Q	E	K	S	Y	A	K	B	L	W	Z	X	O
M	I	U	M	O	C	O	U	B	K	O	F	K	B
N	I	N	E	Q	T	D	O	K	B	O	S	Q	J
S	M	C	L	M	X	K	U	C	I	L	S	E	A
U	R	E	G	V	Y	S	W	G	I	U	R	A	W
G	M	P	T	L	V	E	J	T	D	X	G	P	W
D	L	K	B	F	I	D	A	A	T	X	E	A	U
H	J	M	A	O	L	L	F	M	P	U	F	M	Z
T	R	W	M	M	I	R	W	Z	Z	O	Q	L	U
C	H	I	N	A	I	C	N	A	R	F	N	I	F
B	C	Y	X	C	W	E	Y	S	L	L	A	S	G
T	J	E	A	N	I	T	N	E	G	R	A	Z	B
O	I	D	O	V	S	G	X	V	N	L	J	R	N
T	Z	G	N	O	S	K	N	P	F	L	C	I	A

Argentina   **Francia**   **Italia**
Sudáfrica   **China**   **México**
Japón

Minerales

D	H	X	V	C	L	W	N	Q	E	G	Q	S	M
B	C	K	H	O	M	N	Z	S	T	K	A	W	N
B	R	T	O	R	H	J	W	H	Q	O	N	A	D
W	M	N	X	I	Z	N	E	T	A	N	A	R	G
H	E	V	E	F	G	X	F	N	M	R	I	I	P
U	N	S	Q	A	J	W	M	G	O	O	D	T	H
N	I	W	M	Z	T	F	P	M	U	T	I	U	L
E	Z	E	J	E	I	I	L	A	V	O	S	M	J
F	X	E	V	Y	R	X	T	O	U	D	B	F	V
W	L	G	Y	H	D	A	E	A	M	I	O	G	X
E	K	O	E	L	Y	R	L	F	M	R	X	W	L
O	V	J	N	L	L	V	J	D	R	E	A	A	S
V	B	V	A	G	P	B	M	Q	A	P	H	M	Q
L	H	T	W	O	I	H	D	K	J	H	N	C	E

Mármol	Granate	Hematita
Obsidiana	Peridoto	Zafiro
Esmeralda		

Ciudades

I	T	S	C	Y	Z	Y	O	S	V	D	U	T
N	X	S	E	I	K	N	S	E	F	C	R	R
E	U	S	S	B	K	C	G	A	T	N	J	K
I	K	O	I	W	H	H	Y	X	S	I	E	O
Y	N	F	D	J	F	I	E	W	Z	B	X	B
P	E	P	N	P	V	C	U	R	U	T	A	C
K	Q	J	E	S	T	A	M	B	U	L	Z	Q
P	A	V	Y	A	T	G	R	P	U	F	Z	S
H	Z	W	M	C	G	O	L	S	A	T	A	G
K	O	G	N	K	F	T	O	R	O	N	T	O
N	U	W	Y	P	G	X	J	S	E	V	O	B
G	R	U	Z	T	T	A	K	T	E	W	I	E
T	N	R	U	P	T	A	A	D	L	I	M	A

Chicago	**Estambul**	**Sidney**
Lima	**Toronto**	**Varsovia**
Atenas		

Desiertos

N	T	X	B	I	U	H	M	L	U	L	E	E	Q	F	K	E	Z	G	U
O	S	Q	V	M	X	S	S	X	W	U	C	D	J	E	J	C	T	D	G
S	E	Y	I	L	A	Z	O	F	H	H	V	C	N	D	U	M	Q	G	P
P	R	S	C	H	B	T	D	G	R	R	H	J	P	V	G	C	X	A	J
M	M	S	A	C	W	S	T	U	Z	S	Q	R	C	I	R	P	J	H	K
I	U	R	Q	O	M	H	F	L	M	L	Q	J	R	V	F	Y	Q	A	B
S	A	K	G	L	E	J	Z	L	U	S	U	R	Q	Q	S	U	D	I	E
R	M	U	A	O	F	X	E	W	C	N	O	D	U	F	Z	Q	P	C	D
X	K	C	H	R	N	H	D	D	U	O	P	Z	V	H	J	D	S	B	B
A	R	R	F	A	A	X	Y	P	N	Q	Y	N	N	Q	F	A	V	U	B
D	V	E	N	D	U	K	V	G	A	D	X	S	H	K	P	X	B	B	N
F	Z	G	Q	O	E	H	A	Q	O	L	C	A	W	H	E	S	R	G	R
R	F	D	W	P	Y	O	I	Y	Q	U	X	G	V	J	W	V	V	G	Z
Q	S	P	L	L	R	O	R	H	J	U	D	Q	X	F	C	Q	E	G	O
M	U	K	L	A	R	A	O	R	C	Z	I	T	T	M	O	U	S	G	L
Z	G	S	D	T	S	F	T	D	X	E	P	F	M	H	W	B	T	S	U
R	W	K	G	E	V	R	C	D	P	A	U	G	J	C	S	M	A	L	F
K	T	V	I	A	T	Y	I	N	K	Y	K	A	O	F	C	Y	A	P	J
T	B	E	B	U	G	U	V	A	W	L	T	X	E	A	Y	W	O	B	R
N	Q	X	O	U	C	T	K	V	D	N	C	V	Q	W	B	D	W	P	B

Sahara   Chihuahua   ColoradoPlateau
Victoria   Karakum   Simpson
Aralkum

Islas

X	C	D	A	Y	A	Y	S	Q	U	G	E	U	Z	Q	U	C	I
V	O	M	V	V	Y	K	Z	X	N	L	L	Y	B	Q	Y	B	N
Q	O	A	V	F	A	A	W	I	O	C	D	M	B	I	S	L	L
Z	Q	I	J	N	D	J	L	M	L	Q	C	J	Q	O	U	P	D
T	E	L	G	C	X	K	H	Z	R	C	F	D	C	P	Y	A	W
U	F	C	H	O	K	A	Y	X	A	G	G	R	U	P	Y	G	L
X	S	L	V	I	R	P	H	C	Y	R	M	G	B	K	B	D	Q
W	A	I	X	Q	P	V	U	A	O	C	J	L	N	F	A	F	G
Q	S	J	C	P	M	U	J	E	R	R	I	E	F	A	H	O	G
W	S	O	H	I	A	V	N	V	C	E	C	A	Y	K	X	I	Z
A	O	F	C	R	L	L	Q	O	A	T	O	E	P	G	R	O	B
U	J	X	J	C	A	I	B	B	A	A	M	R	G	S	W	P	W
Q	T	B	A	N	S	O	A	O	M	X	V	Q	E	A	P	X	P
H	V	U	D	I	I	Q	G	D	P	L	W	G	P	C	F	Y	U
B	E	I	S	L	A	S	M	A	L	V	I	N	A	S	X	S	X
E	A	Y	O	J	V	I	Y	X	F	F	O	Q	I	E	F	V	E
P	H	K	F	E	D	H	H	B	N	P	G	S	H	J	H	U	M
L	P	E	G	E	Q	A	W	R	F	G	P	E	L	I	N	T	P

Córcega   Groenlandia   Malasia
Creta   Java   Sicilia
IslasMalvinas

Ríos

I	M	Q	G	I	N	Z	N	Y	Z	N	P	A
M	C	T	V	K	U	D	F	N	B	C	Y	Q
N	Z	M	P	O	X	R	P	V	H	P	H	Q
I	L	M	L	O	X	E	A	H	N	J	J	D
P	C	I	I	P	R	G	R	O	A	F	Q	S
O	N	S	A	N	O	Z	A	M	A	F	V	W
K	A	I	T	W	B	L	N	N	Y	M	O	B
N	W	S	T	S	U	Q	A	Q	G	I	Y	X
B	Z	I	L	T	S	J	M	N	B	E	E	M
C	H	P	M	N	C	X	Y	U	B	U	S	R
F	S	I	G	I	Y	A	N	G	T	S	E	W
G	I	U	D	X	C	A	V	L	F	C	L	I
K	D	P	K	C	D	K	T	Z	H	D	B	R

Amazonas **Nilo** **Misisipi**
Danubio **Yangtsé** **Ganges**
Paraná

Países

J	B	D	D	S	Y	C	B	A	C	M	N	D	Y	Q	N	S	X
Y	I	A	I	B	R	D	J	R	L	A	M	B	U	B	Z	D	T
Q	M	D	J	J	M	P	S	T	A	Z	M	P	B	K	H	M	D
J	C	J	W	R	B	O	O	D	Z	C	I	R	Q	R	M	X	J
P	C	R	Q	U	U	H	D	G	K	R	E	A	V	C	T	T	P
P	N	I	G	G	L	M	I	M	B	U	H	X	H	A	O	N	D
X	W	T	Y	X	C	P	N	G	R	S	K	I	W	Y	T	K	L
W	N	I	E	X	X	B	U	M	A	I	N	I	N	L	U	L	O
G	N	O	S	R	J	Z	S	T	S	A	N	S	V	D	I	B	S
B	L	B	F	Q	F	B	O	G	I	D	J	J	A	J	I	U	F
G	F	P	V	H	S	K	D	L	L	E	Y	K	Z	I	L	A	X
I	J	C	A	N	A	D	A	G	I	J	J	U	K	G	Q	K	C
E	Y	X	V	I	B	R	T	S	R	H	O	U	Q	H	F	G	U
F	W	J	O	N	T	K	S	P	G	D	K	G	Z	Q	P	C	U
H	H	V	E	S	G	V	E	T	K	N	K	Y	L	B	S	M	K
F	A	P	U	U	D	N	X	V	A	F	L	O	M	J	I	W	B
F	Q	A	C	F	E	U	F	X	A	F	B	O	Q	E	V	M	L
A	V	T	V	B	T	R	H	C	G	Q	I	E	V	V	I	B	J

EstadosUnidos **Brasil** **Rusia**
China **India** **Canadá**
Australia

Montañas

G	J	J	G	S	X	Z	A	B	O	B	S	Q	G	I	Q	L
Y	F	X	R	M	N	S	D	M	J	W	O	X	L	S	A	O
L	C	W	L	W	P	A	A	E	Q	I	J	U	M	N	G	E
X	J	S	T	R	C	X	V	Y	Z	I	C	B	Z	B	J	A
Y	U	O	E	L	X	I	E	H	A	R	T	Z	Y	D	X	O
O	R	Q	K	P	K	O	N	J	A	L	E	U	N	C	T	F
F	H	E	M	X	L	E	A	G	S	U	A	T	W	N	A	P
N	J	C	K	A	U	A	R	A	H	D	C	M	R	Q	E	K
K	G	A	H	T	S	E	R	E	V	E	V	G	I	N	C	O
L	J	K	E	Y	P	U	E	H	U	R	Y	I	Z	H	Z	P
B	Z	V	V	S	V	S	I	J	I	V	T	M	C	I	P	V
G	T	X	S	M	E	C	S	Q	E	E	V	V	Q	Y	G	E
W	A	H	N	I	D	H	Q	E	W	J	W	P	M	X	Z	
N	V	C	K	R	R	Y	G	C	D	Y	G	D	E	X	P	T
P	R	C	N	K	I	L	I	M	A	N	J	A	R	O	I	X
E	O	D	S	E	O	R	L	K	B	P	A	S	Q	U	T	E
R	T	W	J	V	D	D	W	P	N	D	R	Z	H	K	D	H

Everest **Kilimanjaro** **Andes**
Alpes **Himalayas** **Rockies**
SierraNevada

Mares

H	K	T	M	Q	J	J	F	M	P	F	Z	J	D	E	A	W
O	O	O	H	D	R	V	Z	B	H	E	W	I	R	O	O	Z
Q	A	E	N	H	O	I	P	B	N	Q	Z	M	D	U	N	K
F	U	N	D	T	D	R	A	M	K	H	P	V	S	T	D	S
U	Q	A	K	F	S	A	T	I	Q	F	C	A	Q	E	X	L
O	W	R	F	U	V	B	G	N	F	P	R	J	A	N	T	S
W	Z	R	C	L	Y	R	J	D	D	T	O	N	N	O	H	L
N	A	E	H	X	P	K	B	I	I	R	A	Y	V	U	B	F
J	Z	T	E	B	I	R	A	C	P	N	S	M	T	Q	S	S
U	Y	I	L	V	H	E	O	O	T	O	N	M	Y	N	X	N
I	Y	D	V	A	T	S	N	A	R	F	T	D	Z	L	O	D
Q	D	E	O	E	N	C	R	Y	R	B	W	K	S	F	O	I
H	A	M	I	N	Y	T	I	N	K	M	A	A	Y	S	L	H
G	I	I	M	R	I	Y	I	G	O	W	N	B	H	P	T	M
P	J	S	O	C	I	F	I	C	A	P	K	T	P	Q	A	W
K	E	K	O	K	G	I	Z	Y	O	O	V	R	O	U	J	V
E	G	E	F	U	Z	E	P	G	B	T	F	A	S	R	C	G

Mediterráneo **Caribe** **Atlántico**
Pacífico **Índico** **Ártico**
Antártico

Volcanes

V	P	P	N	K	D	B	C	H	O	Q	A	K	L	Z	B	O
F	W	E	O	P	L	W	Z	O	L	K	K	Y	Y	J	M	A
S	W	G	W	P	F	N	A	S	T	D	I	M	U	T	D	K
C	Z	J	U	P	O	W	K	M	M	O	A	I	B	E	Z	G
Y	A	P	Z	T	Y	C	M	O	Q	K	P	K	Z	B	L	I
Q	N	B	S	D	K	R	A	K	A	T	O	A	Q	F	H	F
O	D	A	X	Q	H	T	U	T	V	C	W	X	X	T	Y	Q
Y	X	L	Z	T	L	O	N	D	E	O	D	S	K	I	K	M
T	B	G	A	M	O	H	A	Y	S	P	R	A	Q	Z	J	A
M	Q	U	V	M	N	M	L	G	U	X	E	N	R	B	L	U
U	Q	M	G	L	K	Y	O	S	B	W	C	T	P	U	O	X
M	A	Y	A	C	S	C	A	Y	I	E	T	O	L	G	J	F
D	Y	W	P	Y	L	B	B	A	O	B	I	R	L	F	P	L
T	P	C	H	Q	J	F	Y	L	N	H	Z	I	Y	D	J	R
R	I	I	L	F	E	R	Z	W	S	Q	Q	N	J	R	G	N
I	Q	G	J	Z	Q	K	P	F	Y	M	J	I	M	U	J	Y
V	M	J	V	H	P	U	S	X	U	Q	Y	R	H	W	F	M

Vesubio   **Krakatoa**   **MaunaLoa**
Fuji   **Cotopaxi**   **Santorini**
Popocatépetl

Ríos

K	G	Z	O	O	U	V	H	S	R	G	B
U	N	E	L	J	V	P	Y	U	R	U	Z
C	O	U	U	L	P	S	U	H	P	S	N
K	K	C	B	M	V	R	I	N	C	M	I
O	E	H	O	Y	A	C	L	F	L	K	D
Z	M	N	X	N	B	U	Z	E	K	I	L
L	X	D	E	Q	I	R	Q	Z	H	V	L
Z	C	S	Y	A	R	R	U	M	F	O	R
T	A	M	E	S	I	S	O	P	C	L	H
W	N	G	Q	Y	P	F	Y	U	G	G	D
W	M	X	L	G	B	X	S	T	G	A	U
W	U	K	L	W	Y	E	J	Y	B	Q	Y

Sena   **Rin**   **Orinoco**
Volga   **Mekong**   **Murray**
Támesis

Países

K	A	N	Z	Q	S	C	F	V	I	V	R	P	P
U	I	R	M	A	T	M	S	S	O	P	O	A	V
X	C	B	G	N	V	L	N	R	P	B	Z	J	E
Q	N	H	M	E	X	I	C	O	X	S	V	Q	G
Y	A	F	I	W	N	A	A	Y	V	A	B	T	C
F	R	L	A	L	P	T	C	S	L	B	I	V	E
A	F	B	H	L	E	W	I	D	M	J	K	P	Y
N	O	P	A	J	E	V	R	N	C	W	Y	K	W
B	V	J	S	K	Q	M	F	P	A	I	Y	U	E
H	P	I	K	C	U	U	A	M	L	R	X	B	M
O	C	N	N	Q	J	T	D	N	V	R	V	S	F
Y	C	E	R	Y	J	E	U	L	I	U	P	D	R
S	K	L	F	L	O	D	S	Z	F	A	P	G	U
Q	S	K	N	P	L	B	L	V	M	O	K	K	D

Francia   **Alemania**   **Argentina**
Japón   **México**   **Sudáfrica**
Chile

Montañas

B	G	M	F	H	A	G	O	O	L	F	G	E	V	F	X	E	E	R	Z
T	A	P	U	T	H	M	C	P	N	V	I	M	G	G	M	I	A	H	X
V	O	F	P	N	C	W	M	O	N	T	E	S	Z	A	G	R	O	S	M
L	V	F	S	Z	R	A	H	S	A	X	P	E	N	Y	T	W	V	O	L
X	T	J	Y	E	Y	I	S	U	C	U	Z	Y	U	M	H	F	N	Y	V
U	L	O	F	J	H	L	H	S	K	V	R	L	W	V	F	T	Q	E	H
X	E	T	T	W	M	C	C	Q	Z	W	J	B	Z	B	B	J	Q	L	P
B	L	A	C	O	N	C	A	G	U	A	A	M	P	L	I	Y	K	N	V
F	K	Q	X	C	Y	I	Z	L	L	Y	G	O	A	U	R	R	I	I	L
Z	L	W	V	K	W	X	I	A	J	E	N	H	L	V	I	B	K	S	
G	P	Y	T	U	O	T	I	W	T	P	C	T	W	Q	T	T	A	C	H
U	N	F	Y	Z	H	G	Y	X	A	K	A	E	I	F	C	C	R	M	A
F	W	P	S	F	T	C	M	T	N	V	E	S	B	D	D	O	Z	T	N
P	T	L	K	A	H	H	C	M	T	H	C	U	E	Z	H	X	P	N	C
O	J	S	O	F	Z	R	Q	O	V	Q	U	R	H	T	Z	C	T	O	P
I	M	P	S	A	L	Z	X	E	Q	I	I	A	I	C	N	K	M	M	U
R	J	P	X	A	L	C	K	C	S	M	R	L	X	F	H	O	T	Y	J
M	M	U	Z	K	B	R	S	O	E	H	M	E	I	Y	E	U	M	M	D
B	V	V	P	A	Z	R	O	H	E	B	H	S	E	G	P	M	Y	N	T
F	N	W	E	R	D	A	M	A	R	R	E	I	S	J	Q	Q	E	D	C

Mont Blanc   **Aconcagua**   **MontMcKinley**
SierraMadre   **MontesUrales**   **MontesApalaches**
MontesZagros

Mares

O	K	A	Q	E	T	B	D	E	K	A	X	B	N
A	R	C	O	R	A	L	A	O	J	B	X	H	A
L	Z	G	R	N	M	P	T	O	M	I	B	X	G
G	H	M	E	S	M	Z	C	J	G	I	F	B	U
Y	O	M	L	N	E	I	C	O	H	S	A	R	H
X	G	G	K	W	T	E	W	R	R	G	V	W	I
A	M	J	I	A	S	A	O	O	J	P	R	J	N
F	O	J	I	B	O	D	J	R	A	W	O	A	V
H	U	R	I	F	A	H	O	U	L	Y	S	C	L
L	D	N	E	B	D	R	R	X	H	L	M	C	J
A	M	V	F	R	W	B	A	L	T	I	C	O	B
Y	I	X	U	M	J	L	J	B	E	E	O	Z	O
L	P	X	V	J	I	K	V	Y	R	D	N	M	U
M	R	L	Z	T	R	V	W	D	J	B	U	Y	I

Rojo
Coral
Adriático

Báltico
Arábigo

Negro
Rojo

Volcanes

F	G	F	H	N	A	N	A	K	C	C	Q	B	H	U	S
M	R	S	U	B	T	L	Q	R	O	J	A	C	S	E	L
G	Y	X	I	J	Q	P	L	A	T	J	K	Y	Z	P	S
F	D	Z	O	O	A	N	T	E	O	K	H	F	Q	B	V
D	U	P	Q	V	S	E	I	G	P	Y	U	U	D	X	U
K	D	D	O	M	K	P	U	M	A	I	I	I	N	Q	U
H	E	K	P	P	V	G	T	L	X	L	J	F	O	Q	C
A	V	D	L	H	A	E	F	A	I	M	V	R	Y	I	R
L	X	O	I	P	B	S	P	U	F	K	Q	X	H	P	C
Z	D	H	G	E	N	O	T	S	W	O	L	L	E	Y	I
H	Q	G	R	K	T	K	X	Q	S	G	E	P	K	F	S
D	X	Q	O	O	A	Q	D	L	S	G	C	A	L	I	H
G	D	A	C	Y	J	L	C	W	V	X	P	O	A	S	F
F	Z	G	R	U	W	U	A	B	V	P	M	H	T	Z	I
I	J	U	O	L	N	Q	Z	R	R	A	G	M	K	G	B
Y	P	R	T	X	L	C	S	M	T	M	W	R	S	U	R

Cotopaxi
Hekla
Kiluea

Etna
Teide

Yellowstone
Cotopaxi

Ríos

U	U	L	O	X	K	H	J	S	N	R	E	W	M	E
L	X	A	E	T	H	I	R	Z	F	B	U	V	P	P
P	C	O	H	B	N	Y	O	U	K	W	F	A	Y	Q
D	Z	X	D	S	C	E	W	Q	M	X	R	D	Z	Y
Z	Y	N	M	K	O	W	M	W	L	A	A	G	J	I
D	O	D	L	S	L	K	C	A	N	W	T	C	J	M
H	W	O	G	M	U	N	G	A	R	U	E	F	V	E
J	C	F	D	H	M	X	L	J	E	C	S	B	O	P
D	C	B	F	K	B	X	G	Y	P	Z	A	P	E	X
H	T	I	G	R	I	S	U	C	C	J	S	S	R	W
W	A	Q	O	D	A	R	O	L	O	C	S	O	Q	F
E	R	S	E	Q	X	U	I	V	F	C	A	E	V	X
Y	C	L	O	S	N	C	M	R	B	A	T	T	Z	Y
I	O	K	G	Q	K	B	B	B	D	A	V	W	K	R	H
X	B	X	U	U	L	M	E	O	T	Z	B	L	R	D

Tigris
Sacramento
Columbia

Éufrates
Paraná

Amur
Colorado

Países

K	E	Q	E	X	M	C	H	F	B	S	B	M	S	X
X	H	Y	S	V	F	D	G	J	D	O	J	Y	V	V
Y	W	P	P	O	M	L	B	R	N	A	A	A	W	P
X	D	N	A	P	D	U	Z	B	D	Z	E	V	P	J
Q	H	U	N	S	H	I	T	A	S	Q	O	C	P	Y
C	N	N	A	T	Z	E	N	R	Z	F	O	A	T	Z
P	T	J	I	E	T	A	I	U	O	L	K	G	Q	S
S	O	O	U	E	C	G	O	J	O	R	L	J	W	W
P	X	Z	Q	U	X	A	K	M	B	N	W	T	K	K
L	Y	D	R	U	C	O	B	Q	E	G	I	P	T	O
O	K	W	U	W	A	I	E	H	H	P	W	E	X	L
O	H	R	T	C	A	V	C	O	Y	Q	U	R	R	C
J	E	P	R	Q	K	F	L	H	G	A	H	P	D	T
P	Y	N	P	S	E	R	K	C	F	D	X	K	V	X
P	Q	I	Y	A	B	N	Q	I	Q	R	V	T	U	P

ReinoUnido
Perú
Turquía

España
Colombia

Canadá
Egipto

Montañas

```
I S H I H X C G F C P I R T Z Z P U A D
H F E N U S P X X N T D D P Z T E D Y W
I R E K F D I V K A F H F N Z U B S R F
L J C O M M R C G L H V C D Q V E O X P
F U P X X O I N X L N M B F L A P R M Q
E Q I L A N N E Z T Y G I G H P W U N B
F Z L Q B T E T Q C D T C E Q W Z T E W
L B E S L E O D E V O A B H R A G J J N
N S T I L S S R B S S E Y K Z O R K Y C
D T T Z X R C S D C A E O K E N T K J T
B C I W X O B D A K C P L X W S Z J P H
R L R B O C I D C N U T A K P O R W G V
L B K Z J O A L P X A V A L I Q K T U B
S J R Y M S F G E N C M P W A R M F E H
G C R O T O X Q B O A N F D B C K Q Q N
I N S S O S X I H Z H A Z T D J H Z E L
E Y J X P K Q Y W K N V F D K W A E C Z
K B B G I X J P M O N T E S A T L A S N
G A A R P S D I Q I D D W T N G Z A F I
B F H R N S P O S B K A V E S M D I Q U
```

MontesAtlas	MontesRocosos	MontesApalaches
Pirineos	Cáucaso	Selkirk
Cascadas		

Mares

```
D K S Q Z P Z Z C S Z T X
B X E H G S A Z D K R V V
X E B D D K S M U U B U O
P H E E D W U A Q G G G Q
Y S L F R Y N T L C J X J
A S E P T I M O R T L I M
F W C D B I N S P X O F Y
E C S V N J X G K E V N G
D O W P L A R A S U S K G
C H Q J H V L M G Q W H Q
T C A J Z A S R U R P R K
Y V J X H M R I I D I M K
R G B R H W M G F D M N W
```

Java	Salton	Aral
Bering	Timor	Irlandés
Célebes		

Volcanes

```
C P P M A U N A K E A M V S Y P M
B Z H N R C J X O Z Q S F J T E Y
V E K C I B V F F Q C P S D P P I
A L V Y J C O U O L C D N M O L N
R R D D Q H E U B O F R D I T D K
E A O Y G G K H X O N D R E S J O
N D E B O T Q E K X X L P V M M X
A R I Q M N L E E I E E E K C J Y
L C J F M A H T F H T W C A I O H
C L M W U Z T M N A A H B R Z J M
X I M A S H O J C I H R K S Y C O
W M A Y E E L O O V C S O M U O U
R L X A K H P Y K T K X Q C F C Z
N H P C C O L I M A V U Z H Y A D
Z P A A P Q K A V Q M X R X O P T
D B Y P C D E E P Y J W G L S O U
F E M A B L I Q R S H G H O J D R
```

Tambora	Popocatépetl	Mauna Kea
Arenal	Colima	Pacaya
Fuego		

Ríos

```
R L W S C M J U R F F M E R I H L
C O X A K W Q E Z R W A T E M B I
P T U H O F K O M J W V U R V W C
Y P V Z V A U H H G T D Z R N A X
Y Z A T B I R R D V Z V Z A Q R H
R F V Q X G I Y Y Q N O Q D D O N
W Z Y P A M V Y E V D M G J I V W
D B O D I L I O G A G B H Y K Q Q
S B M U O D U S R F H J D X I Q H
D H U I F P Q O I B Y V K T V R I
T Z R X O G L E T S E U H Q R P A
X A R B Y O A P L W I T O V P J R
G R A Q C P D Q M Q V P I B F X A
L F Y B Q W A T A M E S I S M Q R
E Q Z Q O N U U K A D A C N D Y V
C K O O A K G E O O V J V O M W R
H J P E R X E A H F I M H O J W I
```

Loira	Támesis	Murray
Ebro	Guadalquivir	Misisipi
Colorado		

Países

X	A	F	L	P	D	U	O	N	I	F	S	D	V
S	Q	I	P	L	T	L	Q	Z	T	N	K	M	Y
I	Q	I	R	X	Y	F	J	S	A	F	L	H	O
E	H	B	X	E	J	A	O	T	L	I	A	P	V
O	L	D	K	Z	G	N	S	H	I	X	E	X	P
C	R	Q	P	K	S	I	S	M	A	G	J	N	U
L	S	B	B	O	K	T	N	E	E	S	P	D	W
T	S	U	D	A	N	N	R	M	R	W	X	Y	K
G	W	Q	P	C	U	E	B	N	O	Y	S	D	D
M	U	K	L	Z	D	G	M	Q	C	H	Y	Q	Z
X	A	I	C	N	A	R	F	F	X	F	K	J	U
V	L	C	W	Z	N	A	V	F	L	T	C	A	M
I	J	Q	U	O	H	P	S	X	C	Y	P	F	Z
C	X	C	E	R	B	A	I	G	K	S	T	V	D

Francia   Italia   Sudán
Pakistán   Corea   Nigeria
Argentina

Mares

N	T	G	C	H	U	K	O	T	K	A	H	C
M	H	O	S	P	A	F	G	C	Z	K	S	A
U	Q	K	I	E	Z	F	Q	A	I	X	F	L
O	U	F	R	J	B	D	J	U	K	N	T	D
D	I	O	Y	E	B	E	R	I	N	G	O	M
J	J	C	L	V	I	B	L	N	G	N	J	J
O	G	I	B	A	R	A	X	E	S	L	V	F
J	P	F	B	F	V	F	D	V	C	F	M	P
U	T	E	H	J	N	F	F	Z	J	N	C	B
N	H	C	V	A	G	I	T	C	Z	L	B	U
T	X	Q	J	I	W	N	L	K	V	P	W	U
E	Z	W	V	N	T	C	J	Q	T	L	D	D
Q	F	P	W	B	V	T	V	N	V	N	K	D

Rojo   Jónico   Célebes
Arábigo   Bering   Chukotka
de Baffin

Volcanes

Y	Z	L	D	Q	Q	P	R	B	O	N	J	L	R	Y	P	I
K	K	V	T	A	K	Q	H	K	W	O	T	I	U	M	K	Z
L	S	M	T	E	R	M	R	X	Q	H	P	M	O	M	P	Z
T	P	B	R	I	P	A	Y	U	L	L	G	J	I	P	X	K
G	H	T	N	E	K	E	Z	N	Z	C	W	L	V	P	P	I
H	W	N	N	A	B	J	T	F	U	P	C	W	U	Z	D	C
U	O	J	T	Y	U	W	X	A	R	P	O	H	S	G	G	Z
E	O	O	W	S	V	C	K	N	C	R	T	W	E	E	F	V
Q	A	F	T	H	M	V	T	T	X	O	O	C	V	K	X	C
X	N	G	G	D	E	M	V	E	U	C	P	S	N	S	L	C
U	D	M	W	O	E	D	I	W	Y	H	A	O	L	S	F	A
K	A	O	B	F	B	P	S	F	Y	I	X	I	P	S	B	D
A	J	V	U	T	K	N	V	F	U	J	I	Y	A	M	A	C
X	D	P	Z	Y	A	A	D	R	R	D	N	I	J	Q	G	O
N	S	P	H	N	O	H	T	U	R	T	J	V	Y	O	A	D
J	O	W	R	U	P	N	T	L	D	S	M	G	N	M	S	L
H	N	M	U	K	T	U	A	C	Q	T	N	P	C	O	R	X

Cotopaxi   Krakatoa   Vesuvio
Etna   Hekla   Popocatépetl
Fujiyama

Ríos

E	E	Q	T	U	Z	B	Q	Y	L	P	I	R
A	T	R	F	Y	E	Z	V	Z	Q	W	X	Z
N	A	S	R	C	L	Y	L	I	V	B	C	A
A	S	R	E	F	C	D	M	P	P	V	R	B
R	F	W	U	G	Y	Y	E	X	F	T	Z	F
A	M	A	Z	O	N	A	S	B	G	F	G	U
P	Q	J	V	K	C	A	T	O	G	B	Z	K
A	J	M	E	K	O	N	G	N	D	K	Q	N
C	J	M	O	P	R	A	N	W	F	Q	I	O
K	R	F	X	Z	M	D	A	L	I	V	H	X
E	Y	A	A	E	M	L	Y	S	F	G	P	X
B	I	U	F	P	J	L	H	P	W	L	Z	T
D	A	N	U	B	I	O	G	X	Y	K	A	W

Po   Yangtsé   Ganges
Mekong   Paraná   Amazonas
Danubio

Países

D	M	P	A	W	A	E	L	I	H	C	R	H	B
B	V	C	W	I	R	Y	S	Z	S	A	S	U	P
P	I	L	B	Z	D	X	H	P	T	N	M	L	V
S	Y	K	M	U	J	N	M	C	A	U	O	I	G
O	G	M	X	O	H	O	A	D	V	N	R	S	T
A	C	A	U	S	T	R	A	L	I	A	A	A	W
Y	I	R	Q	F	Z	N	L	J	N	S	F	R	W
M	M	R	U	C	A	N	C	I	T	I	Q	B	T
R	T	U	O	C	E	J	X	S	W	U	F	W	Y
W	B	E	B	N	P	Z	X	J	U	W	S	G	M
J	W	C	U	H	V	I	P	E	U	Q	Q	R	A
U	J	O	L	I	T	D	T	E	R	Q	I	E	Z
R	T	S	N	W	L	K	R	M	W	X	U	P	F
Q	L	U	L	I	M	R	M	C	L	F	N	X	I

Australia **Canadá** **España**
Marruecos **Chile** **Finlandia**
Brasil

Montañas

V	W	O	P	E	R	Y	P	S	N	C	J	O	A	Y	E	U	M	M	H	R	F	C
E	B	H	B	P	N	I	P	E	P	T	H	H	K	N	W	G	D	S	D	O	H	I
T	G	U	J	M	F	H	V	A	J	V	U	M	B	X	Z	K	U	G	D	C	T	L
J	J	J	G	I	Q	M	H	Z	Z	I	T	V	P	O	R	D	F	I	L	Q	I	I
P	X	Y	W	S	P	U	B	W	Z	J	E	U	T	E	E	A	G	Z	D	Z	F	S
H	F	Y	N	I	Z	I	E	K	K	I	D	G	Q	T	V	E	M	E	K	L	S	W
C	S	R	F	Y	B	S	X	W	X	S	U	B	E	U	K	G	R	X	P	A	O	E
E	K	P	L	M	O	N	T	A	N	A	S	S	E	L	V	A	T	I	C	A	S	R
U	R	W	P	T	Z	Z	W	A	R	C	F	G	X	W	J	T	I	N	Z	K	Q	V
Z	N	O	C	R	G	A	S	J	L	N	N	P	N	W	V	S	S	S	Q	Y	F	R
V	N	L	G	Y	Z	T	G	D	R	A	K	E	N	S	B	E	R	G	X	D	G	N
J	F	G	N	E	Z	A	P	R	V	L	A	V	Q	F	B	D	R	U	M	Q	K	F
S	H	Q	I	U	X	B	F	O	O	B	P	D	B	X	F	N	C	P	C	F	J	K
J	B	P	S	W	V	W	E	X	F	S	S	I	O	K	W	A	M	F	D	A	O	J
B	F	A	A	Q	W	N	Z	H	V	A	Y	V	U	R	A	L	E	S	M	R	E	Z
G	S	T	X	R	D	S	K	I	H	N	I	C	X	A	T	Z	T	K	F	L	Z	I
Q	U	M	P	O	W	M	M	O	A	A	O	Q	K	C	I	J	K	F	F	J	G	U
X	X	T	V	U	B	O	I	F	E	T	V	M	T	E	O	Q	C	C	A	S	V	P
X	P	B	V	K	I	O	B	G	P	N	W	E	I	X	T	A	P	F	M	C	V	N
Z	W	I	L	X	K	W	F	K	V	O	O	N	W	R	D	K	R	M	A	W	S	
F	J	K	S	O	B	D	J	D	Q	M	F	J	B	U	B	J	X	X	D	N	J	X
A	G	O	N	G	J	E	J	G	B	T	O	D	K	B	K	G	C	I	X	S	P	M
G	Q	V	N	C	Q	M	H	J	J	Y	I	F	M	P	R	M	F	B	P	Y	U	X	R

Urales **Zagros** **Sudetes**
MontañasBlancas **Drakensberg** **Andes**
MontañasSelváticas

Mares

O	M	M	L	M	H	M	W	A	Y	M	X	O	S
N	A	J	R	Z	W	C	T	V	T	N	S	N	V
K	S	A	D	I	F	D	K	U	E	N	Z	E	P
U	J	P	D	H	H	I	E	A	J	O	W	S	G
U	X	O	E	N	D	K	K	L	K	I	M	D	U
D	B	N	Q	B	A	L	T	I	C	O	Q	N	Q
I	P	O	B	D	Q	L	D	A	F	O	W	U	O
D	F	O	J	S	X	H	R	Y	R	X	R	M	C
F	G	W	N	Y	Z	O	U	I	D	S	H	A	Z
H	S	A	X	Q	J	H	N	E	E	Q	O	N	L
C	J	J	A	O	K	B	R	C	L	D	U	C	V
T	Y	I	Z	A	Q	O	U	S	K	K	D	B	Q
U	E	L	F	U	S	X	R	B	Y	M	N	M	U
K	J	A	Y	S	W	V	O	R	E	H	J	U	Y

Amundsen **Báltico** **DeRoss**
DeIrlanda **Japón** **Rojo**
DelCoral

Volcanes

P	Z	H	R	X	M	F	J	D	H	E	E	A	X	P	E
W	S	B	P	X	K	K	K	H	M	N	A	O	E	T	M
R	J	R	H	M	P	C	Z	J	Y	O	E	U	X	N	M
J	M	A	L	F	K	W	O	K	T	T	I	K	F	Y	X
D	U	X	F	B	V	Q	C	A	S	S	Q	L	Y	M	D
W	K	V	S	I	L	L	K	R	R	W	C	X	Z	W	Y
Z	A	N	G	R	T	A	J	W	A	O	I	D	Y	G	J
W	A	Q	H	A	R	E	N	A	L	L	Z	B	I	T	W
R	X	W	T	K	H	O	F	I	K	L	O	H	R	W	F
F	P	A	M	I	H	H	M	H	E	E	S	Q	W	Z	G
V	H	L	P	A	C	A	Y	A	H	Y	N	Z	T	U	S
Z	C	H	T	A	V	I	M	E	X	S	Y	M	E	K	S
A	M	F	R	U	N	A	W	A	P	I	D	W	I	Q	L
B	N	X	N	I	H	V	Q	H	M	S	W	H	D	M	V
A	J	U	W	B	K	O	X	P	C	T	U	E	E	N	X
A	G	G	C	L	Y	B	O	N	P	V	U	X	T	O	O

Yellowstone **Teide** **Arenal**
Colima **Pacaya** **Hekla**
Krakatoa

Minerales

R	J	S	R	C	L	Y	Q	H	T	X	P	V
B	F	F	J	V	G	E	D	E	K	I	W	F
F	S	L	N	D	L	V	U	L	P	S	N	O
N	M	I	F	K	I	P	U	M	G	A	T	T
S	O	O	R	P	Q	A	Z	W	T	N	W	P
N	L	U	D	V	I	V	M	D	Z	V	Y	F
O	M	F	F	P	S	M	A	A	I	W	O	E
T	R	C	O	R	F	K	D	M	N	Z	R	I
J	C	O	B	R	E	V	J	O	C	T	R	Q
A	O	F	M	U	R	C	B	U	F	G	E	J
L	T	U	F	U	W	R	N	C	C	S	I	K
Q	A	Y	P	L	A	T	A	F	D	Y	H	H
I	I	I	R	C	Y	A	V	Q	U	L	U	D

Oro   **Plata**   **Diamante**
Cobre   **Zinc**   **Hierro**
Carbón

Ciudades

M	Z	C	C	P	D	V	K	O	I	J	W	E	L
V	I	Y	V	G	P	I	L	O	H	T	H	B	J
R	R	Q	L	K	A	J	I	C	V	P	I	K	Z
C	Q	X	Q	O	R	R	H	H	U	J	R	M	G
A	L	Q	Y	K	I	O	C	V	E	L	Q	G	L
E	X	N	F	Z	S	K	Y	G	Q	O	U	E	W
Z	F	R	I	V	K	R	O	A	W	K	C	L	F
U	L	C	L	K	E	V	J	T	V	M	S	B	G
G	C	M	F	B	E	N	M	L	E	E	K	B	U
H	B	I	O	E	C	P	E	E	W	R	U	A	F
Y	Q	U	U	M	O	B	L	E	R	P	C	N	T
O	B	P	I	Z	D	J	L	V	U	I	S	U	U
O	J	C	W	Y	X	S	E	R	D	N	O	L	I
W	Q	E	I	Y	I	H	Q	P	A	G	M	G	M

París   **Londres**   **NuevaYork**
Tokio   **Moscú**   **Pekín**
Río

Desiertos

M	Y	S	J	G	L	I	H	E	F	C	Q	G	E
S	Q	C	C	T	B	O	E	J	V	N	K	X	A
W	Z	Y	C	V	A	T	H	P	I	L	J	K	B
H	R	X	F	K	Q	V	E	U	A	T	C	T	Q
M	O	T	C	A	B	O	S	I	M	P	S	O	N
S	I	E	X	L	I	J	Q	T	A	U	E	K	F
K	A	D	D	A	E	N	V	P	C	L	F	U	K
P	I	H	R	H	Q	B	O	G	A	M	L	S	L
V	N	F	A	A	J	S	N	G	T	A	D	G	Q
S	K	T	F	R	M	A	E	T	A	H	O	Y	V
J	J	I	Y	I	A	S	L	C	Z	T	M	T	N
L	E	L	S	B	G	O	D	I	N	C	A	R	A
S	U	V	L	O	Q	F	S	X	N	M	I	P	R
L	A	B	P	G	J	W	P	V	P	M	K	F	A

Sahara   **Kalahari**   **Atacama**
Gobi   **Simpson**   **Arácnido**
Patagonia

Islas

C	L	J	D	V	P	M	H	P	S	S	H	N	A	V
E	O	E	N	R	O	B	G	G	D	Z	E	Y	E	Z
E	M	V	H	K	A	J	B	I	Z	W	K	U	L	F
P	U	A	T	E	R	C	Z	A	G	I	B	V	K	D
I	J	I	F	L	T	T	S	W	L	X	U	U	O	U
F	D	Y	B	Q	U	F	Q	A	W	I	J	A	S	A
S	J	B	L	Q	Z	S	Z	H	G	D	L	I	J	S
L	J	Z	X	F	C	M	J	S	Q	A	T	D	H	R
L	U	Y	U	Q	O	L	V	V	Q	R	D	N	D	S
W	V	S	M	Z	E	X	H	K	C	N	Z	A	I	H
V	G	X	P	C	W	U	Q	C	B	O	B	L	M	X
Q	Y	K	Q	T	E	E	P	I	C	C	L	S	Z	F
R	B	B	I	X	L	E	E	V	D	L	L	I	T	B
Y	P	O	D	J	J	G	W	M	K	V	X	I	D	U
V	T	L	I	N	N	W	M	U	M	M	D	J	L	M

Bali   **Hawái**   **Creta**
Borneo   **Islandia**   **Madagascar**
Fiji

Animales

E	B	A	B	J	J	Y	G	J	U	Q	W	O
U	E	Z	F	X	A	G	P	B	K	O	U	M
D	E	T	N	A	F	E	L	E	Y	L	P	M
N	E	W	R	F	G	L	T	S	N	S	P	B
E	A	L	D	A	G	U	I	L	A	S	J	X
F	R	Z	F	R	Q	X	S	S	D	R	Y	H
Q	N	G	D	I	G	H	I	L	N	Z	U	I
E	Y	Y	I	J	N	O	E	L	A	P	O	J
U	O	F	D	T	O	Q	S	X	P	N	Q	P
Z	X	K	N	U	H	P	V	S	H	I	U	B
K	N	R	O	E	B	T	F	L	K	J	E	D
C	L	H	W	I	L	F	F	L	S	Z	H	R
B	P	Y	P	D	F	J	L	A	Z	V	L	S

León **Tigre** **Elefante**
Panda **Jirafa** **Delfín**
Águila

Cordilleras:

U	M	F	E	A	I	A	Y	F	B	W	U	G	I	H	U	P
D	X	I	Y	U	L	T	L	O	Y	P	T	Z	Z	W	U	D
J	M	A	C	R	S	U	F	T	C	A	F	J	F	C	Q	P
A	Y	O	U	K	R	E	X	N	T	J	S	W	N	Q	H	I
B	R	T	N	X	F	V	P	O	T	R	S	L	S	W	F	N
D	G	J	K	T	N	W	F	L	S	S	J	V	U	D	X	Y
Q	C	U	W	S	E	R	T	Z	A	X	C	H	A	G	R	K
S	W	A	P	Z	A	S	B	J	K	B	K	K	D	O	T	I
Y	H	U	S	L	W	C	U	B	A	Y	A	R	P	F	A	X
X	Z	E	S	C	V	R	C	R	P	Y	H	I	W	T	A	I
S	N	V	U	X	A	Y	L	L	A	N	J	K	B	N	O	N
D	A	K	G	G	G	D	R	L	L	L	F	L	D	M	O	I
S	I	O	L	U	R	S	A	W	A	E	E	E	P	K	Q	V
S	C	J	C	I	K	M	Y	S	C	H	S	S	J	Q	N	J
Z	Q	D	Z	E	I	F	T	M	H	W	S	L	S	M	Q	O
D	M	Q	C	H	L	W	T	M	E	J	G	Q	I	I	Q	A
H	X	S	Z	X	D	D	Q	U	S	I	F	X	Y	P	Y	A

Andes **Alpes** **MontesUrales**
Apalaches **Himalaya** **Cascadas**
Selkirk

Elementos Naturales

N	V	P	J	R	L	A	V	A	F	V	G
P	R	Q	W	R	J	F	K	V	T	O	D
T	P	J	G	B	P	I	L	D	Y	P	J
B	D	Q	O	A	E	K	C	Z	R	J	Z
I	D	F	R	Z	A	W	F	B	V	J	O
I	X	U	N	K	I	L	F	W	G	F	Y
I	L	S	H	S	T	N	G	A	G	U	A
R	Z	E	S	Z	F	G	A	R	I	O	R
L	S	Y	E	E	R	D	D	R	G	R	G
V	T	W	K	O	K	K	H	E	G	D	E
X	A	T	E	H	N	D	U	I	S	H	W
I	V	Q	E	G	J	F	B	T	Q	J	P

Fuego **Agua** **Aire**
Tierra **Rayo** **Granizo**
Lava

Flores

A	G	Q	F	V	Y	W	S	G	H	B	F	H	O
H	Q	V	V	L	E	C	E	F	K	X	S	V	J
A	Q	U	E	I	P	Y	J	E	L	T	F	V	R
V	M	K	S	T	U	J	M	R	N	N	F	W	O
V	L	A	D	I	G	C	A	Z	O	L	X	Q	P
N	H	F	P	O	R	U	R	C	K	D	S	O	L
I	R	P	T	O	X	J	G	A	S	A	I	C	M
W	U	S	K	D	L	J	A	R	E	R	B	L	G
B	A	G	J	C	A	A	R	D	I	D	R	A	Q
K	F	H	Z	N	A	P	I	L	U	T	O	V	V
Y	C	G	N	Z	Y	U	T	R	I	W	S	E	C
V	S	K	T	N	Q	F	A	L	K	K	A	L	B
R	U	Y	Y	R	S	J	C	U	R	Q	V	F	Y
P	I	P	O	K	S	X	C	E	K	Z	N	V	J

Rosa **Tulipán** **Orquídea**
Lirio **Margarita** **Amapola**
Clavel

Aparatos Geodésicos

E	C	E	O	Q	X	Q	C	T	A	E	I	X	F	Z
F	J	B	P	T	F	R	O	P	U	Y	Q	H	T	E
N	P	N	X	L	I	C	D	J	W	K	B	W	Z	Q
L	X	O	T	I	L	L	A	I	T	J	V	Z	N	N
N	S	S	Q	Q	O	F	O	C	O	N	P	Z	L	O
P	P	Q	E	G	N	C	P	D	Z	C	S	E	Z	C
G	V	M	S	X	K	S	K	B	O	O	O	U	X	I
T	J	Z	T	Q	T	J	Q	J	B	E	A	B	K	T
M	N	D	A	J	L	A	I	L	N	L	T	V	E	A
D	K	H	C	P	C	C	N	N	I	V	G	M	L	M
J	Q	V	I	V	A	N	I	T	V	X	T	U	G	S
P	R	S	O	A	Q	L	F	N	E	O	J	G	K	I
N	F	W	N	Y	I	T	R	O	L	U	U	Q	L	R
I	H	I	B	V	P	Y	I	M	R	F	A	Z	T	P
F	W	T	G	D	M	V	Q	B	Y	A	V	D	O	K

Brújula **Teodolito** **GPS**
Sextante **Nivel** **Estación**
Prismático

Constelaciones

S	K	G	G	J	Z	M	S	V	Z	P	Y	N	Z
X	N	H	A	Z	R	L	J	Z	O	G	Q	I	A
A	I	B	C	M	L	T	X	M	L	R	D	U	E
J	W	N	H	Y	N	Q	B	X	H	H	U	P	J
O	X	E	M	E	T	U	A	O	P	X	E	A	G
B	I	T	Q	T	C	N	C	I	E	V	L	N	T
W	E	Y	H	P	Q	A	I	Y	G	F	I	D	O
J	Z	Z	M	M	T	S	S	N	A	X	M	R	T
S	W	V	E	W	H	L	N	I	S	H	I	O	J
D	A	M	K	Y	N	T	E	O	O	O	O	M	W
S	G	J	A	L	T	S	K	S	N	P	D	E	I
O	K	M	G	A	F	C	L	I	Y	P	E	D	L
C	R	E	N	N	W	L	A	P	F	N	Y	A	F
J	P	X	T	P	H	Z	E	R	H	A	H	L	E

Orión **Andrómeda** **Casiopea**
Tauro **Cisne** **Leo**
Pegaso

Países

U	L	I	S	A	R	B	P	D	X	F	N	V	O
Z	D	D	G	T	A	W	O	P	V	M	E	G	H
K	D	X	A	U	S	T	R	A	L	I	A	L	D
P	A	O	W	L	S	N	P	Q	H	H	O	G	K
S	G	Y	A	Q	E	J	B	V	K	K	P	Y	O
H	A	Z	T	V	R	M	A	P	X	A	E	S	N
W	P	Z	M	N	E	F	A	F	D	D	L	N	B
P	X	W	N	G	A	I	D	N	I	A	I	T	L
A	N	A	P	S	E	B	D	Z	I	N	H	B	T
R	T	G	M	C	I	G	F	P	T	A	C	D	N
V	C	S	B	C	I	N	W	I	U	C	R	R	L
F	Y	S	A	L	B	X	F	G	R	A	Y	B	Q
C	O	F	D	F	R	L	B	Z	R	Q	K	X	F
I	Y	M	R	T	S	O	L	O	G	E	D	F	Y

Alemania **India** **Canadá**
Australia **Brasil** **Chile**
España

Minerales

II	I	Z	T	G	N	W	O	T	X	J	C	Z
R	Z	O	I	C	A	P	O	T	U	P	U	W
L	E	D	A	J	Q	M	P	Q	C	B	X	J
O	F	B	S	T	A	P	A	V	X	H	D	D
C	N	K	I	M	S	N	L	O	N	A	M	X
B	I	E	P	R	C	I	O	Z	L	P	Y	I
L	P	J	R	W	N	Y	T	R	A	C	V	Q
A	V	J	N	F	E	F	E	A	R	H	C	Z
P	D	I	B	B	I	P	I	U	M	C	G	U
D	O	T	J	G	L	X	B	C	I	A	Y	Q
F	V	X	Z	E	E	I	E	V	Q	X	T	E
A	A	G	L	J	P	U	W	O	M	Z	F	X
S	H	S	Q	I	F	C	J	A	A	N	O	S

Amatista **Jade** **Rubí**
Cuarzo **Topacio** **Perla**
Ópalo

Ciudades

Y	K	Q	T	Y	V	Q	Z	V	L	Y	E	L	X	U	R	W	X
J	H	M	R	W	L	Z	T	K	G	Q	K	B	K	A	W	U	R
G	P	I	I	D	A	J	V	E	V	G	O	M	M	X	I	Z	I
O	Q	D	D	J	X	O	Z	J	W	N	S	Q	Q	H	K	U	M
E	H	Z	B	H	Q	H	B	Y	M	C	X	Z	P	F	T	K	H
G	Y	E	R	U	Q	A	K	E	L	Y	G	X	F	A	R	M	B
Y	L	H	V	F	E	N	A	N	G	U	J	K	Z	Q	Q	N	M
D	H	P	E	K	I	N	M	D	M	Y	C	O	P	U	A	M	R
L	J	U	Y	M	H	E	O	I	R	U	N	K	Z	E	E	O	C
X	D	V	O	K	S	S	R	S	A	J	M	G	M	X	C	Q	U
I	V	M	W	Y	E	B	G	X	A	Z	H	N	Z	E	O	J	R
S	O	G	L	T	N	U	M	A	M	I	G	A	V	M	Z	L	V
A	B	T	N	I	L	R	E	B	Q	E	R	B	A	P	E	M	W
I	R	G	C	B	O	G	K	M	T	M	J	E	M	X	C	U	L
A	G	T	D	B	C	O	N	X	M	S	M	A	S	S	D	H	K
Y	N	A	J	W	D	P	Z	K	K	K	G	X	F	L	S	F	X
X	B	K	D	H	Z	G	C	M	K	E	B	I	J	J	J	J	I
O	Q	C	K	Z	Q	G	O	S	P	U	E	C	U	Q	Z	C	H

Berlín   Roma   BuenosAires
Sídney   Pekín   Johannesburgo
Bangkok

Desiertos

G	Y	G	H	P	S	K	C	W	H	K	H
K	R	L	L	X	Y	N	T	Q	A	B	U
P	A	W	N	O	D	B	E	U	Z	R	B
R	L	D	W	S	S	Q	Y	G	O	B	I
Q	M	D	C	U	I	U	T	U	E	E	T
S	W	Q	V	I	C	M	C	H	V	V	P
V	Y	R	S	X	M	F	P	X	A	I	R
W	Z	L	T	N	K	N	X	S	J	R	H
H	F	X	Y	A	A	R	O	N	O	S	T
A	P	O	E	M	R	X	F	S	M	N	W
H	A	M	I	B	J	E	H	S	S	Y	N
C	T	B	N	V	H	L	Q	T	Y	H	L

Mojave   Sonora   Negev
Namib   Simpson   Gobi
Thar

Islas

U	D	X	Z	M	G	T	N	M	Z	U	O	B	P
Q	R	E	G	V	P	T	D	M	K	O	E	W	E
S	B	V	Q	Z	E	H	A	D	V	G	U	M	D
B	U	F	R	E	F	W	Y	S	Y	A	A	U	A
L	G	M	L	X	C	G	W	Z	M	L	M	A	L
K	Q	J	A	Z	I	B	I	R	D	A	D	I	J
G	T	L	N	T	G	S	O	I	A	P	N	L	Z
Z	Y	M	T	C	R	A	V	L	A	A	S	I	P
G	N	K	M	A	K	A	O	W	J	G	V	C	A
K	P	G	B	A	S	G	O	V	Z	O	E	I	L
N	K	H	U	Z	X	R	H	D	U	S	T	S	A
O	U	K	C	Z	U	H	A	A	O	S	X	L	U
B	C	B	Z	I	O	R	A	P	B	I	X	Z	M
P	C	K	Y	L	S	M	Y	A	N	S	L	G	O

Ibiza   Sicilia   Tasmania
Palau   Sumatra   Maldivas
Galápagos

Animales

B	P	P	V	I	L	D	T	V	J	A	Q	T
W	Z	I	N	B	Q	V	I	H	I	R	O	Y
X	P	Y	N	Z	J	V	W	D	A	N	R	G
K	Z	J	C	G	J	V	C	Z	Q	O	U	Z
C	Y	V	A	V	U	O	T	A	Z	R	G	J
P	I	D	I	Q	K	I	L	J	S	M	N	O
N	S	A	D	R	B	A	N	B	E	E	A	U
U	F	R	V	U	O	R	R	O	Z	N	C	X
H	N	I	R	K	E	B	Y	D	E	P	O	L
X	D	O	F	E	T	I	O	L	T	H	I	I
B	N	P	L	Y	Q	S	L	L	C	C	G	S
Q	I	B	L	T	U	A	Q	E	X	E	T	B
U	R	M	K	C	B	F	A	E	W	W	W	Y

Lobo   Zorro   Ballena
Pingüino   Koala   Tiburón
Canguro

Cordilleras

I	U	F	H	F	E	N	C	Q	X	N	O	R	P	M	K	L	M	S	V	N	C	L
R	A	Y	A	R	H	P	T	F	C	D	F	X	V	C	S	X	T	A	M	A	C	H
T	U	S	S	C	W	R	O	T	L	N	Q	G	C	U	X	L	W	K	A	R	C	Y
K	K	M	A	W	Q	A	A	K	W	V	S	S	F	S	D	B	B	E	B	M	Q	F
U	N	G	O	C	R	E	K	P	F	Y	B	A	D	W	E	I	R	O	V	I	F	J
O	Z	F	N	R	I	F	J	O	K	Z	D	S	S	B	H	D	B	B	J	D	Y	K
E	N	Q	A	K	D	T	M	S	K	N	Q	O	W	C	A	R	N	V	N	N	N	D
S	N	B	O	B	G	F	A	S	M	S	F	C	W	M	M	I	V	A	U	P	Q	V
S	Q	Q	R	V	C	R	U	V	O	M	Q	O	A	R	Z	H	N	E	O	T	P	R
S	D	P	V	S	V	H	S	T	L	U	Y	R	X	H	L	H	J	N	T	D	F	V
I	M	E	J	E	S	D	A	D	I	E	R	W	Z	N	L	L	J	C	Q	L	M	K
C	D	I	A	H	Z	P	Z	N	T	E	S	Q	L	D	M	A	C	A	Y	X	Z	T
O	H	V	D	C	R	E	P	D	I	V	J	S	T	M	I	R	K	N	F	O	E	B
L	P	F	R	A	O	E	Q	S	Q	N	Z	H	A	J	H	L	Y	Y	H	P	N	K
Q	S	U	C	L	S	O	I	X	T	H	D	U	A	N	V	N	B	K	T	X	O	K
B	Z	O	R	A	E	O	B	G	A	J	Z	A	T	L	A	S	U	V	N	P	H	E
G	I	Z	A	P	A	U	C	B	F	E	Y	W	H	H	Z	T	I	I	P	Z	Y	S
O	F	J	X	A	Q	Q	G	R	P	A	H	X	J	Y	F	N	N	G	I	B	U	D
D	A	B	V	R	E	H	S	C	K	Z	M	S	B	I	J	U	T	O	H	P	M	T
U	F	J	T	N	S	U	F	J	I	S	K	N	N	K	E	Y	N	W	M	G	D	V
K	I	R	F	W	M	K	G	U	C	O	Q	M	X	P	D	X	Y	P	S	A	W	K
D	K	T	W	M	I	I	Q	W	D	D	S	V	I	B	W	F	C	B	Y	K	E	T
Y	G	F	H	U	P	Z	F	E	W	W	X	F	E	X	E	V	M	B	I	A	L	Q

Sierra Madre   **Rocosas**   **Andes**
Apalaches   **MontañasSelváticas**   **Cárpatos**
Atlas

Elementos Naturales

C	Q	H	G	A	T	H	D	E	X	X	L	D
V	A	P	L	N	C	N	S	Q	G	K	O	L
E	I	T	L	Q	V	M	O	T	A	A	S	D
T	W	E	N	Z	S	O	S	X	Q	S	P	U
P	I	B	N	E	N	T	I	Z	N	G	D	T
X	I	R	I	T	M	O	S	Y	Q	R	X	Y
I	Q	M	E	D	O	R	M	F	J	N	S	Y
E	N	F	B	A	T	N	O	H	P	A	R	Z
D	F	D	L	N	Z	A	V	T	C	F	C	Y
N	J	L	A	F	L	D	X	O	D	N	I	S
Y	Y	L	A	U	R	O	R	A	Z	D	J	A
B	D	U	G	L	L	E	C	Q	Z	P	Z	Q
K	H	J	L	I	F	X	M	E	M	Q	M	I

Viento   **Tormenta**   **Aurora**
Rocas   **Niebla**   **Sismo**
Tornado

Flores

X	M	N	R	E	S	B	U	P	T	S	Z	R	J
R	W	C	Y	X	X	E	O	Z	R	A	G	D	D
J	E	D	L	C	L	G	I	N	K	L	B	C	H
J	P	H	H	T	I	O	E	L	P	O	L	S	I
R	U	E	O	R	L	N	J	V	A	N	Q	S	L
P	F	I	A	R	W	I	Q	T	K	L	J	D	O
R	T	S	I	T	A	I	D	I	P	B	E	T	
I	O	R	L	X	I	E	N	I	A	W	C	D	O
L	R	V	E	G	X	H	N	H	Q	V	A	P	J
S	T	Q	M	O	D	E	K	S	O	L	S	N	J
C	F	N	A	R	C	I	S	O	I	M	J	F	G
O	Z	N	C	F	V	O	S	A	X	A	O	Y	K
A	S	J	M	E	H	B	E	N	K	E	G	H	Z
Q	M	U	Q	N	P	S	M	L	T	J	B	A	R

Girasol   **Hortensia**   **Camelia**
Dalia   **Narciso**   **Begonia**
Loto

Aparatos Geodésicos

G	P	N	Y	T	K	V	R	F	N	O	G	L	Q	Q	G	O	O
O	H	Z	N	M	M	Q	U	K	Z	A	P	Q	D	B	O	K	Z
C	W	X	Q	W	Q	A	O	R	T	M	U	X	L	R	H	L	D
A	D	C	H	I	J	K	D	X	T	P	R	X	T	I	K	V	D
P	I	S	F	M	E	S	T	A	D	A	L	E	N	J	A	S	O
H	J	L	S	V	Q	H	V	B	M	Q	M	B	E	E	K	N	S
Z	A	N	E	T	N	A	E	N	L	O	P	U	X	L	L	J	N
X	W	D	Y	Y	H	E	S	M	D	R	L	O	H	R	A	M	W
A	F	N	D	I	V	P	L	O	I	T	H	P	W	Y	M	R	G
K	Q	Y	T	G	E	M	E	S	M	E	S	E	I	K	L	F	H
W	E	W	Z	F	J	U	M	A	N	M	C	U	O	S	R	F	W
R	G	N	E	G	J	A	U	X	S	I	Z	R	K	M	P	X	G
N	M	V	O	R	T	S	T	B	X	T	N	W	G	P	R	Y	D
X	E	R	F	I	A	L	Z	P	J	L	D	I	A	I	O	I	N
V	G	D	C	V	D	D	G	K	O	A	K	W	F	E	T	N	A
C	Y	O	R	L	Z	P	Q	Q	R	S	F	X	Z	B	I	R	W
E	S	T	A	C	I	O	N	T	O	T	A	L	N	M	R	Z	Q
F	P	P	S	I	A	A	R	B	H	V	X	J	P	H	H	T	I

Plomada   **Altimetro**   **Prismáticos**
Odómetro   **Estadal**   **Antena**
EstaciónTotal

Constelaciones

S	I	A	A	N	Q	E	M	C	O	G	R	I	V	S	A
T	D	N	E	O	Y	J	V	G	N	J	U	R	H	R	B
E	H	M	Q	I	O	G	O	U	S	E	Q	E	M	X	I
K	H	F	X	Q	F	S	I	C	S	I	P	C	Z	F	W
F	N	L	D	V	V	S	F	C	C	S	R	N	L	G	J
H	V	Y	O	I	N	R	O	C	I	R	P	A	C	V	M
Q	F	I	O	G	Z	R	F	V	G	P	T	C	T	I	U
Y	G	K	B	J	P	C	Y	A	D	X	B	Z	G	O	L
O	K	P	T	I	G	A	M	A	G	G	Z	O	O	N	D
C	V	X	O	U	E	A	R	R	P	H	I	M	O	H	M
P	I	B	I	S	M	B	G	A	P	N	V	A	R	X	B
I	D	O	C	Y	I	T	L	F	P	J	G	Z	E	T	X
H	D	Q	L	N	N	P	E	K	L	G	X	I	B	Y	
J	Q	J	Q	Y	I	W	R	F	D	R	P	G	F	J	T
D	F	Q	P	P	S	Z	H	U	H	N	D	I	E	M	U
I	N	F	K	C	T	H	W	K	P	M	C	K	K	L	D

Géminis   **Escorpio**   **Libra**
Virgo   **Piscis**   **Capricornio**
Cáncer

Países

T	Q	E	K	S	Y	A	K	B	L	W	Z	X	O
M	I	U	M	O	C	O	U	B	K	O	F	K	B
N	I	N	E	Q	T	D	O	K	B	O	S	Q	J
S	M	C	L	M	X	K	U	C	I	L	S	E	A
U	R	E	G	V	Y	S	W	G	I	U	R	A	W
G	M	P	T	L	V	E	J	T	D	X	G	P	W
D	L	K	B	F	I	D	A	A	T	X	E	A	U
H	J	M	A	O	L	L	F	M	P	U	F	M	Z
T	R	W	M	M	I	R	W	Z	Z	O	Q	L	U
C	H	I	N	A	I	C	N	A	R	F	N	I	F
B	C	Y	X	C	W	E	Y	S	L	L	A	S	G
T	J	E	A	N	I	T	N	E	G	R	A	Z	B
O	I	D	O	V	S	G	X	V	N	L	J	R	N
T	Z	G	N	O	S	K	N	P	F	L	C	I	A

Argentina   **Francia**   **Italia**
Sudáfrica   **China**   **México**
Japón

Minerales

D	H	X	V	C	L	W	N	Q	E	G	Q	S	M
B	C	K	H	O	M	N	Z	S	T	K	A	W	N
B	R	T	O	R	H	J	W	H	Q	O	N	A	D
W	M	N	X	I	Z	N	E	T	A	N	A	R	G
H	E	V	E	F	G	X	F	N	M	R	I	I	P
U	N	S	Q	A	J	W	M	G	O	O	D	T	H
N	I	W	M	Z	T	F	P	M	U	T	I	U	L
E	Z	E	J	E	I	I	L	A	V	O	S	M	J
F	X	E	V	Y	R	X	T	O	U	D	B	F	V
W	L	G	Y	H	D	A	E	A	M	I	O	G	X
E	K	O	E	L	Y	R	L	F	M	R	X	W	L
O	V	J	N	L	L	V	J	D	R	E	A	A	S
V	B	V	A	G	P	B	M	Q	A	P	H	M	Q
L	H	T	W	O	I	H	D	K	J	H	N	C	E

Mármol   **Granate**   **Hematita**
Obsidiana   **Peridoto**   **Zafiro**
Esmeralda

Ciudades

I	T	S	C	Y	Z	Y	O	S	V	D	U	T
N	X	S	E	I	K	N	S	E	F	C	R	R
E	U	S	S	B	K	C	G	A	T	N	J	K
I	K	O	I	W	H	H	Y	X	S	I	E	O
Y	N	F	D	J	F	I	E	W	Z	B	X	B
P	E	P	N	P	V	C	U	R	U	T	A	C
K	Q	J	E	S	T	A	M	B	U	L	Z	Q
P	A	V	Y	A	T	G	R	P	U	F	Z	S
H	Z	W	M	C	G	O	L	S	A	T	A	G
K	O	G	N	K	F	T	O	R	O	N	T	O
N	U	W	Y	P	G	X	J	S	E	V	O	B
G	R	U	Z	T	T	A	K	T	E	W	I	E
T	N	R	U	P	T	A	A	D	L	I	M	A

Chicago   **Estambul**   **Sidney**
Lima   **Toronto**   **Varsovia**
Atenas

Desiertos

N	T	X	B	I	U	H	M	L	U	L	E	E	Q	F	K	E	Z	G	U
O	S	Q	V	M	X	S	S	X	W	U	C	D	J	E	J	C	T	D	G
S	E	Y	I	L	A	Z	O	F	H	H	V	C	N	D	U	M	Q	G	P
P	R	S	C	H	B	T	D	G	R	R	H	J	P	V	G	C	X	A	J
M	M	S	A	C	W	S	T	U	Z	S	Q	R	C	I	R	P	J	H	K
I	U	R	Q	O	M	H	F	L	M	L	Q	J	R	V	F	Y	Q	A	B
S	A	K	G	L	E	J	Z	L	U	S	U	R	Q	Q	S	U	D	I	E
R	M	U	A	O	F	X	E	W	C	N	O	D	U	F	Z	Q	P	C	D
X	K	C	H	R	N	H	D	D	U	O	P	Z	V	H	J	D	S	B	B
A	R	R	F	A	A	X	Y	P	N	Q	Y	N	N	Q	F	A	V	U	B
D	V	E	N	D	U	K	V	G	A	D	X	S	H	K	P	X	B	B	N
F	Z	G	Q	O	E	H	A	Q	O	L	C	A	W	H	E	S	R	G	R
R	F	D	W	P	Y	O	I	Y	Q	U	X	G	V	J	W	V	V	G	Z
Q	S	P	L	L	R	O	R	H	J	U	D	Q	X	F	C	Q	E	G	O
M	U	K	L	A	R	A	O	R	C	Z	I	T	T	M	O	U	S	G	L
Z	G	S	D	T	S	F	T	D	X	E	P	F	M	H	W	B	T	S	U
R	W	K	G	E	V	R	C	D	P	A	U	G	J	C	S	M	A	L	F
K	T	V	I	A	T	Y	I	N	K	Y	K	A	O	F	C	Y	A	P	J
T	B	E	B	U	G	U	V	A	W	L	T	X	E	A	Y	W	O	B	R
N	Q	X	O	U	C	T	K	V	D	N	C	V	Q	W	B	D	W	P	B

Sahara   Chihuahua   ColoradoPlateau
Victoria   Karakum   Simpson
Aralkum

Islas

X	C	D	A	Y	A	Y	S	Q	U	G	E	U	Z	Q	U	C	I
V	O	M	V	V	Y	K	Z	X	N	L	L	Y	B	Q	Y	B	N
Q	O	A	V	F	A	A	W	I	O	C	D	M	B	I	S	L	L
Z	Q	I	J	N	D	J	L	M	L	Q	C	J	Q	O	U	P	D
T	E	L	G	C	X	K	H	Z	R	C	F	D	C	P	Y	A	W
U	F	C	H	O	K	A	Y	X	A	G	G	R	U	P	Y	G	L
X	S	L	V	I	R	P	H	C	Y	R	M	G	B	K	B	D	Q
W	A	I	X	Q	P	V	U	A	O	C	J	L	N	F	A	F	G
Q	S	J	C	P	M	U	J	E	R	R	I	E	F	A	H	O	G
W	S	O	H	I	A	V	N	V	C	E	C	A	Y	K	X	I	Z
A	O	F	C	R	L	L	Q	O	A	T	O	E	P	G	R	O	B
U	J	X	J	C	A	I	B	B	A	A	M	R	G	S	W	P	W
Q	T	B	A	N	S	O	A	O	M	X	V	Q	E	A	P	X	P
H	V	U	D	I	I	Q	G	D	P	L	W	G	P	C	F	Y	U
B	E	I	S	L	A	S	M	A	L	V	I	N	A	S	X	S	X
E	A	Y	O	J	V	I	Y	X	F	F	O	Q	I	E	F	V	E
P	H	K	F	E	D	H	H	B	N	P	G	S	H	J	H	U	M
L	P	E	G	E	Q	A	W	R	F	G	P	E	L	I	N	T	P

Córcega   Groenlandia   Malasia
Creta   Java   Sicilia
IslasMalvinas

DICCIONARIO:

Aconcagua: El Aconcagua es la montaña más alta de América y del hemisferio sur, con una altitud de 6.959 metros sobre el nivel del mar. Ubicada en la Cordillera de los Andes, en la provincia de Mendoza, Argentina, cerca de la frontera con Chile. Es un destino popular para montañistas de todo el mundo que buscan conquistar una de las Siete Cumbres, que son las montañas más altas de cada continente. Aunque no es técnicamente complicada, la altura y las condiciones climáticas pueden hacer que la ascensión sea desafiante.

Adriático: El Mar Adriático es un mar cerrado en el Mediterráneo, situado entre la península italiana y la costa de los Balcanes. Es conocido por su rica historia y por ser hogar de numerosas islas y ciudades costeras. El Adriático ha sido testigo de civilizaciones antiguas, y sus aguas han sido navegadas por griegos, romanos y venecianos a lo largo de los siglos. El Mar Adriático cuenta con numerosas islas e islotes, siendo algunas de las más grandes y conocidas las islas de Italia, como Sicilia y Cerdeña y las islas de Croacia, como Hvar, Brač y Korčula. Estas islas son destinos turísticos populares debido a sus hermosas playas con aguas cristalinas y bonitos paisajes.

Agua: El agua es esencial para la vida en la Tierra y es un componente fundamental de los océanos, ríos, lagos, glaciares, casquetes polares, nubes y la atmósfera. Cubre aproximadamente el 71% de la superficie del planeta. Es el único compuesto que se encuentra en los tres estados de la materia de forma natural (líquido, sólido y gaseoso). El agua es una molécula compuesta por dos átomos de hidrógeno y uno de oxígeno (H_2O). Es un líquido incoloro, insípido e inodoro en su forma pura. El agua es esencial para todos los seres vivos y desempeña un papel crucial en una variedad de procesos biológicos y ecológicos. Es necesaria para la fotosíntesis de las plantas, la regulación de la temperatura corporal de los animales, la digestión y el metabolismo, el transporte de nutrientes y desechos, y la formación de hábitats acuáticos para la vida marina y de agua dulce. Es un recurso invaluable que sustenta la vida en la Tierra y es fundamental para el funcionamiento de los ecosistemas y la sociedad humana.

Águila: El águila es un majestuoso ave rapaz que se encuentra en diversas partes del mundo. Su visión aguda, velocidad y garras afiladas la convierten en un depredador eficiente. Son aves de gran tamaño, con envergaduras que pueden superar los dos metros en algunas especies. Existen alrededor de 60 especies de águilas que se encuentran en diversas partes del mundo, desde las montañas hasta las llanuras y los bosques. Las águilas son aves monógamas que forman parejas duraderas y a menudo regresan al mismo nido año tras año para reproducirse. Construyen grandes nidos en árboles, acantilados o estructuras humanas, y ponen uno o dos huevos en cada puesta. Algunas de las especies más conocidas incluyen el águila real, el águila calva, el águila arpía y el águila pescadora.

Águila Calva: El águila calva (Haliaeetus leucocephalus), también conocida como águila americana, es una especie de águila emblemática conocida por su cabeza y cola blancas, que se encuentra principalmente en Estados Unidos y Canadá. También se puede encontrar en algunas áreas de México y Centroamérica durante el invierno. Las águilas calvas son grandes aves rapaces, con una envergadura que puede alcanzar hasta los 2,3 metros. Habitan una variedad de hábitats, que incluyen bosques, humedales, áreas costeras y cuerpos de agua dulce. Suelen anidar en árboles altos cerca de ríos, lagos o estuarios, donde pueden encontrar presas y refugio.

El águila calva es un símbolo nacional de Estados Unidos y aparece en el sello nacional, así como en monedas, billetes y emblemas oficiales. Es considerada un símbolo de libertad, fuerza y grandeza.

Aire: El aire es una mezcla de gases que constituyen la atmósfera terrestre. Es esencial para la vida. Compuesto principalmente por nitrógeno (78%) y oxígeno (21%). También contiene pequeñas cantidades de otros gases, como argón, dióxido de carbono, neón, helio, metano, kriptón y vapor de agua, así como partículas sólidas en suspensión, como polvo, polen y contaminantes. Proporciona oxígeno para la respiración de los seres vivos, incluidos los humanos y otros animales, y es necesario para la combustión y la respiración celular. También actúa como un medio de transporte para el intercambio de calor y humedad entre la superficie terrestre y la atmósfera, y juega un papel importante en la regulación del clima y la meteorología. La atmósfera terrestre está dividida en varias capas, cada una con características y composición diferentes. La troposfera es la capa más cercana a la superficie terrestre y donde ocurren la mayoría de los fenómenos meteorológicos. Por encima de la troposfera se encuentran la estratosfera, la mesosfera, la termosfera y la exosfera. El aire se mueve constantemente debido a las diferencias de presión atmosférica, temperatura y humedad en diferentes partes del planeta. Este movimiento crea patrones de circulación atmosférica, como vientos, corrientes oceánicas y sistemas meteorológicos, que son fundamentales para el clima y el clima de la Tierra.

Alemania: Situada en el corazón de Europa. Su capital es Berlín. Alemania tiene una historia rica y compleja que abarca desde los antiguos pueblos germánicos hasta el Sacro Imperio Romano Germánico, el Reino de Prusia, el Imperio Alemán, la República de Weimar, el Tercer Reich y la división y reunificación del país durante la Guerra Fría. Es conocida por sus contribuciones significativas a la música clásica, la filosofía, la literatura, la arquitectura, la ciencia y la tecnología. Alemania tiene una de las economías más grandes y desarrolladas del mundo, con un enfoque en la manufactura de alta tecnología, la ingeniería, la industria automotriz, la química y la energía renovable. Es conocida por su calidad y precisión en la producción y exportación de bienes. Además, ha desempeñado un papel crucial en eventos históricos y ha sido hogar de destacados pensadores y artistas.

Alpes: Los Alpes son una emblemática cadena montañosa que atraviesa ocho países en Europa que incluyen Francia, Suiza, Italia, Austria, Alemania, Liechtenstein, Eslovenia y Mónaco. Se extienden a lo largo de aproximadamente 1.200 kilómetros, desde el Mediterráneo en el sur de Francia hasta el valle del Danubio en Austria. Los Alpes albergan algunas de las montañas más altas de Europa, incluyendo el Mont Blanc en la frontera entre Francia e Italia, el Cervino en la frontera entre Suiza e Italia, y el Matterhorn en Suiza. El Mont Blanc, con una altura de 4.810 metros, es la cumbre más alta de los Alpes y de Europa Occidental. Con picos majestuosos, valles impresionantes y una rica biodiversidad, los Alpes son un destino popular para el turismo alpino y ofrecen oportunidades para practicar deportes de invierno, senderismo y exploración de la naturaleza.

Altímetro: Un altímetro es un instrumento utilizado para medir la altitud o la elevación de un objeto con respecto a un punto de referencia, generalmente el nivel del mar. Puede funcionar utilizando principios de presión atmosférica o mediante tecnología de satélites. Los altímetros son esenciales para la navegación aérea y actividades alpinas, proporcionando información crucial sobre la altitud en diversas situaciones.

Amapola: La amapola es una planta herbácea de la familia Papaveraceae. Son plantas anuales o perennes que pueden alcanzar alturas de hasta 1 metro. Tienen tallos delgados y frágiles, y sus hojas están divididas en lóbulos dentados. Las flores de la amapola son solitarias y grandes, con pétalos delicados que pueden ser de color rojo, rosa, naranja, amarillo, blanco o morado, dependiendo de la especie. Son nativas de Europa, Asia y África del Norte, pero también se han introducido en otras partes del mundo. Algunas variedades de amapolas, como la amapola de opio, también han sido cultivadas por sus propiedades medicinales y narcóticas a lo largo de la historia.

Amatista: La amatista es una variedad de cuarzo de color púrpura, que varía desde tonos suaves hasta morados intensos. Conocida por su belleza, la amatista ha sido valorada en joyería y artículos decorativos a lo largo de la historia. La amatista se encuentra en varios lugares alrededor del mundo, incluyendo Brasil, Uruguay, Zambia, Madagascar, Rusia y Estados Unidos, entre otros. Algunas de las amatistas más finas y de mayor calidad provienen de Brasil.

Amazonas: El río Amazonas es uno de los ríos más largos y el más caudaloso del mundo, fluyendo a través de América del Sur. Nace en la cordillera de los Andes en Perú y fluye hacia el este a través de Brasil, antes de desembocar en el océano Atlántico. A lo largo de su cuenca se encuentra la selva tropical más extensa del planeta, la Amazonia. La cuenca del Amazonas abarca una superficie de aproximadamente 7 millones de kilómetros cuadrados, incluyendo partes de Brasil, Perú, Colombia, Venezuela, Ecuador, Bolivia, Guyana, Surinam y Guayana Francesa. Es la cuenca hidrográfica más grande del mundo. La selva amazónica desempeña un papel crucial en la regulación del clima global y la producción de oxígeno. El Amazonas alberga una asombrosa diversidad de vida silvestre, incluyendo miles de especies de plantas, animales, aves, peces e insectos. Se estima que más del 10% de todas las especies conocidas en la Tierra viven en la cuenca del Amazonas. Además, el río ha sido esencial para las comunidades locales y ha desempeñado un papel vital en la historia y la exploración. Su cuenca, está habitada por cientos de comunidades indígenas que han vivido en la región durante miles de años.

Amundsen: Roald Amundsen fue un explorador noruego que dirigió la primera expedición que alcanzó el Polo Sur en 1911. Utilizando trineos tirados por perros y técnicas de supervivencia aprendidas de los pueblos indígenas del Ártico, Amundsen y su equipo llegaron al Polo Sur el 14 de diciembre de 1911, superando a la expedición liderada por Robert Falcon Scott, que llegó al polo un mes después y pereció en el regreso. Amundsen es conocido por su habilidad para adaptarse a entornos hostiles y por ser uno de los líderes más exitosos en la historia de la exploración polar. Además de llegar al Polo Sur, también fue el primero en navegar exitosamente a través del Paso del Noroeste en el Ártico en 1906, y lideró la primera expedición que cruzó exitosamente el Paso del Noreste en el Ártico en 1918-1920.

Amur: El río Amur, también conocido como río Heilongjiang en chino, es uno de los ríos más largos de Asia, marcando la frontera entre Rusia y China en gran parte de su curso. Tiene una longitud aproximada de 2.824 kilómetros, lo que lo convierte en el décimo río más largo del mundo. Nace en la cordillera de Khentei en Mongolia y fluye hacia el este a través de China y Rusia, antes de desembocar en el mar de Ojotsk en el océano Pacífico. La cuenca del río Amur es hogar de una diversidad única de flora y fauna, incluidos tigres siberianos, el leopardo de Amur, el esturión kaluga y las grullas de Manchuria. A lo largo de la historia, el Amur ha sido una ruta comercial y un importante recurso para las comunidades locales.

Andes: La cordillera de los Andes es la cadena montañosa más larga del mundo, atravesando siete países de América del Sur. Se extiende a lo largo de la costa occidental de América del Sur, atravesando varios países como Colombia, Ecuador, Perú, Bolivia, Chile y Argentina. Los Andes son conocidos por su increíble biodiversidad, con una variedad de ecosistemas que van desde selvas tropicales hasta desiertos de alta montaña. Esta región alberga una gran cantidad de especies de plantas y animales, muchas de las cuales son endémicas y se encuentran solo en esta área. Los Andes también son el hogar de importantes sitios arqueológicos y culturales, así como de paisajes impresionantes y picos nevados, como el Aconcagua, la montaña más alta de América.

Andrómeda: Andrómeda es una galaxia espiral ubicada a unos 2.5 millones de años luz de la Tierra. Es la galaxia más cercana a la Vía Láctea y forma parte del Grupo Local de galaxias. Es visible a simple vista en noches oscuras como una mancha borrosa en el cielo. Contiene al menos mil millones de estrellas, aunque algunas estimaciones sugieren que puede tener hasta mil billones de estrellas en total. También tiene una gran cantidad de nebulosas, cúmulos estelares y regiones de formación estelar. La galaxia de Andrómeda está en curso de colisión con la Vía Láctea, y se espera que las dos galaxias se fusionen en unos 4 mil millones de años, formando una nueva galaxia gigante. Este evento será uno de los eventos cósmicos más importantes en la historia futura de nuestra galaxia.

Antártico: El Mar Antártico, también conocido como el Océano Austral, es el cuerpo de agua que rodea la Antártida y se extiende hacia el sur desde aproximadamente 60 grados de latitud sur hasta el continente antártico. El Mar Antártico rodea la Antártida y está delimitado por los océanos Atlántico, Índico y Pacífico. Es el cuarto océano más grande del mundo. Notable por su profundidad, con una media de unos 3.500 metros y una fosa conocida como la Fosa de las Sandwich del Sur, que alcanza profundidades de más de 7.000 metros. Es conocido por sus frías temperaturas y su cubierta de hielo marino, que se forma durante el invierno antártico y se derrite parcialmente durante el verano. A pesar de las duras condiciones, el Mar Antártico alberga una rica biodiversidad marina, incluyendo numerosas especies de peces, aves marinas, mamíferos marinos y organismos planctónicos. Especialmente conocido por ser el hogar de una gran cantidad de pingüinos, focas y ballenas. Es un lugar importante para la investigación científica. El continente antártico es el lugar más frío, seco y ventoso de la Tierra. Está cubierto en gran parte por una capa de hielo que contiene aproximadamente el 60% del agua dulce del planeta.

Antena: Una antena es un dispositivo diseñado para transmitir o recibir ondas electromagnéticas, como ondas de radio o televisión. Pueden tener diversas formas y tamaños según su aplicación, desde antenas parabólicas utilizadas en comunicaciones satelitales hasta antenas de varilla en radios. Las antenas geodésicas son dispositivos utilizados en la topografía y la geodesia para medir distancias y ángulos con gran precisión. Estas antenas se utilizan comúnmente en la recepción de señales emitidas por sistemas de posicionamiento global (GPS) y sistemas de navegación por satélite. Permiten determinar la posición exacta de un punto en la superficie terrestre. Están equipadas con tecnología que reduce los efectos de interferencia y multipath, lo que garantiza mediciones precisas incluso en condiciones adversas.

Apalaches: Las Montañas Apalaches son una cordillera que se extiende por la región oriental de América del Norte, abarcando desde la provincia de Quebec en Canadá hasta el estado de

Alabama en Estados Unidos. Se extienden a lo largo de aproximadamente 2.400 kilómetros, pasando por 15 estados de Estados Unidos. La región alberga una diversidad de ecosistemas, que incluyen bosques caducifolios, bosques mixtos, bosques de coníferas y praderas alpinas. La biodiversidad es alta, con una gran variedad de flora y fauna. Son el hogar de una variedad de especies animales, incluyendo mamíferos como osos negros, ciervos, mapaches y pumas, así como aves, reptiles, anfibios e invertebrados. Algunas especies, como el oso negro de los Apalaches, son endémicas de la región. Con una rica historia cultural y natural, las Apalaches han sido un hogar ancestral para diversas comunidades indígenas.

Arábigo: El Mar Arábigo forma parte del océano Índico y se encuentra entre la península arábiga y el subcontinente indio. Limita con varios países, incluyendo Omán, Yemen, Arabia Saudita, la India, Pakistán, Irán y las islas Maldivas. Ha sido una ruta histórica importante para el comercio marítimo y está rodeado por países como India, Pakistán, Yemen y Omán. La costa del Mar Arábigo está marcada por una serie de golfos y bahías, incluyendo el Golfo de Omán, el Golfo Pérsico y el Golfo de Adén. La región del Mar Arábigo también es importante para la economía de los países ribereños, ya que proporciona recursos pesqueros, petróleo, gas natural y es una importante ruta marítima para el comercio internacional, con numerosos puertos y terminales en sus costas. El Mar Arábigo es conocido por su biodiversidad marina y su importancia estratégica en la geopolítica regional.

Arácnido: Los arácnidos son una clase de artrópodos que incluye arañas, escorpiones, ácaros y opiliones. Son conocidos por tener ocho patas y dos segmentos principales en su cuerpo. Aunque a menudo se asocian con cierto temor debido a la presencia de especies venenosas, la gran mayoría de los arácnidos son inofensivos para los humanos y juegan un papel crucial en los ecosistemas al controlar las poblaciones de insectos.

Aral: El mar de Aral es un cuerpo de agua salada que se encuentra en Asia Central, entre Kazajistán y Uzbekistán. Se ubica en una cuenca endorreica, es decir, no tiene salida natural hacia el mar. Está ubicado en la región conocida como la cuenca de Aral, entre los ríos Amu Darya y Syr Darya. En el pasado, el Mar de Aral era uno de los lagos más grandes del mundo y una importante fuente de pesca y sustento para las comunidades locales. Sin embargo, debido a la extracción excesiva de agua para la irrigación, desde la década de 1960, se ha reducido drásticamente su tamaño.

Aralkum: El desierto de Aralkum es una extensión de arena y polvo que se formó después de la disminución del mar de Aral. La reducción del nivel del agua dejó expuestas grandes áreas de lecho marino, creando un paisaje desértico. Se encuentra en Asia Central, en la región que solía ser el lecho del Mar de Aral. Se extiende a lo largo de Kazajistán y Uzbekistán, dos países que comparten la cuenca del antiguo mar. La desviación de los ríos Amu Darya y Syr Darya para la irrigación agrícola ha reducido drásticamente el caudal de agua que fluía hacia el mar, lo que ha provocado su desecación y la exposición de grandes extensiones de lecho marino. La región tiene un clima árido y extremadamente seco, con temperaturas extremas y vientos fuertes.

Arenal: El volcán Arenal es uno de los lugares más icónicos de Costa Rica. Es un estratovolcán activo que ha experimentado erupciones notables en el pasado. Ubicado dentro del Parque Nacional Volcán Arenal. Forma parte de la Cordillera de Tilarán. Tiene una forma cónica clásica y su altura alcanza los 1.670 metros sobre el nivel del mar. Ofrece a los visitantes la oportunidad de presenciar la actividad volcánica y disfrutar de la belleza natural circundante, que incluye

selvas tropicales, cascadas y aguas termales. Además de su atractivo turístico, el Arenal despierta el interés de científicos que estudian la geología y el comportamiento de los volcanes.

Argentina: Argentina, el segundo país más grande de América del Sur, es conocida por su diversidad geográfica y cultural. Su territorio abarca una amplia variedad de paisajes, que incluyen las vastas llanuras de la Pampa, las majestuosas montañas de la Cordillera de los Andes, las selvas tropicales del norte y las espectaculares cataratas del Iguazú. La cultura argentina es diversa, influenciada por las tradiciones europeas (principalmente españolas e italianas) y las culturas indígenas. Argentina es el hogar de una gran variedad de especies de vida silvestre, incluyendo el cóndor andino, el guanaco, el puma, y una amplia variedad de aves y reptiles. La Península Valdés es un importante santuario de vida silvestre, conocido por sus colonias de pingüinos, ballenas y elefantes marinos.

Ártico: El Ártico es una vasta región ubicada en el extremo norte de la Tierra, que incluye partes de los océanos Ártico y Glacial Ártico, así como tierras y territorios de varios países que rodean el Polo Norte. Se caracteriza por su clima extremadamente frío. Las temperaturas pueden caer por debajo de los -50°C en invierno y subir por encima de los 10°C en verano. Gran parte del Ártico está cubierto por hielo marino, que se derrite y se congela con las estaciones. El Ártico es el hogar de numerosos pueblos indígenas que han vivido en la región durante miles de años, como los inuit, los yupik, los chukchi, los saami y los nenets, entre otros. Estas comunidades tienen una profunda conexión con la tierra y dependen de la caza, la pesca y el pastoreo para su subsistencia. El Ártico atesora vastos recursos naturales, que incluyen petróleo, gas, minerales y pescado, lo que le ha convertido en objeto de recurrentes disputas geopolíticas.

Atacama: El desierto de Atacama, en Chile, es conocido por ser uno de los desiertos más áridos del mundo y abarca una extensa área en el norte de Chile, desde la frontera con Perú hasta la región de Coquimbo. A pesar de su aridez, el desierto de Atacama alberga una variedad de paisajes sorprendentes, que incluyen salares, volcanes, dunas de arena, valles áridos, cañones profundos y lagunas de alta montaña. También alberga una sorprendente variedad de vida silvestre y vegetación adaptada a las duras condiciones. Se pueden encontrar especies únicas de plantas, como cactus gigantes y arbustos espinosos, así como animales como vicuñas, flamencos, zorros y cóndores. Además, el desierto de Atacama es un lugar ideal para la observación astronómica debido a su cielo despejado y la baja contaminación lumínica.

Atenas: Atenas, la capital de Grecia, y una de las ciudades más antiguas del mundo. Es una ciudad con una rica historia que se remonta a la antigüedad clásica. Es conocida como la cuna de la civilización occidental y fue el centro de la antigua Grecia durante su período dorado en el siglo V a.C. Fue en Aquí fue donde se desarrollaron la democracia, la filosofía, el teatro y otras artes y ciencias que han tenido una profunda influencia en la cultura occidental. La Acrópolis de Atenas es uno de los sitios arqueológicos más famosos del mundo y un símbolo icónico de la ciudad. Este conjunto de antiguos templos y edificios, incluyendo el Partenón, el Erecteion y el Templo de Atenea Niké, se encuentra en lo alto de una colina rocosa y ofrece unas vistas impresionantes de la ciudad. Atenas es una ciudad que combina una rica historia antigua con una vida urbana moderna y dinámica. Es un destino imprescindible para los amantes de la historia, la cultura, la arquitectura y la gastronomía.

Atlántico: El océano Atlántico es el segundo océano más grande del mundo en términos de área, cubriendo aproximadamente el 20% de la superficie total de la Tierra. Abarca una vasta

extensión entre América, Europa, África y América del Sur. El océano Atlántico está atravesado por varias corrientes oceánicas importantes que influyen en el clima y la vida marina de las regiones cercanas. Algunas de las corrientes más conocidas incluyen la corriente del Golfo, que transporta aguas cálidas desde el Golfo de México hasta las costas de Europa occidental, y la corriente del Atlántico Sur, que fluye hacia el sur desde el ecuador. Alberga una gran diversidad de vida marina, incluyendo una gran variedad de peces, mamíferos marinos, aves marinas, invertebrados y especies de coral. Las regiones costeras del Atlántico son especialmente ricas en biodiversidad, con hábitats que van desde arrecifes de coral hasta manglares y estuarios. El Atlántico ha sido testigo de innumerables eventos históricos y sigue siendo vital para el comercio y la biodiversidad marina.

Atlas: Los montes Atlas son una cadena montañosa en el norte de África, extendiéndose aproximadamente 2.500 kilómetros a lo largo de Marruecos, Argelia y Túnez. Se divide en varias secciones, incluyendo el Atlas Alto, el Atlas Medio y el Atlas Sahariano. La cordillera del Atlas presenta una gran variedad de altitudes y climas, que van desde las cumbres nevadas de más de 4.000 metros en el Atlas Alto hasta las tierras bajas áridas y semiáridas en el sur. La región experimenta inviernos fríos y veranos calurosos, con una alta variabilidad climática dependiendo de la altitud y la ubicación. Alberga una diversidad de ecosistemas y especies vegetales y animales. Se pueden encontrar bosques de coníferas y robles en las zonas más altas, así como bosques de cedros y encinas en las laderas más bajas. La fauna incluye mamíferos como el macaco de Berbería, aves rapaces y reptiles como la cobra del Atlas. Los Atlas están habitados por una variedad de grupos étnicos y culturales, incluyendo bereberes, árabes y comunidades nómadas. La región ha sido históricamente un crisol de culturas y civilizaciones, con una rica herencia arquitectónica, artística y gastronómica. Muchos pueblos y aldeas en la cordillera del Atlas conservan tradiciones y costumbres ancestrales. Poseen una belleza natural única.

Aurora: Las auroras, como la aurora boreal en el Ártico y la aurora austral en la Antártida, son fenómenos naturales asombrosos causados por la interacción de partículas cargadas del viento solar con la atmósfera de la Tierra. Estas luces coloridas que se mueven en el cielo, son uno de los espectáculos más impresionantes que nos ofrece la naturaleza, iluminando el cielo nocturno principalmente en las regiones cercanas a los polos magnéticos de la Tierra. En áreas como Alaska, Canadá, Islandia, Noruega, Suecia, Finlandia y Groenlandia en el hemisferio norte, y en la Antártida en el hemisferio sur.

Australia: Australia es el sexto país más grande del mundo. Rodeado por el océano Índico y el océano Pacífico. Compuesto principalmente por un vasto interior desértico, conocido como el Outback. Sin embargo, también tiene una costa impresionante que incluye playas de arena blanca, arrecifes de coral, selvas tropicales, montañas y cañones. Es conocida por su biodiversidad y posee una fauna única, incluyendo marsupiales como el canguro y el koala, así como la Gran Barrera de Coral. Sidney y Melbourne son dos de sus ciudades más destacadas, con arquitectura moderna y una importante vida cultural. Posee una rica historia, que se remonta más de 65.000 años, con la presencia continua de pueblos aborígenes. Estas culturas aborígenes y de las islas del Estrecho de Torres son una parte integral de la identidad australiana y han dejado un legado duradero en el arte, la música, la danza y las tradiciones.

Bali: Bali es una isla indonesia conocida por su belleza natural, playas exóticas y rica cultura. Se cree que Bali ha estado habitada desde la prehistoria, con evidencia de asentamientos humanos que datan de hace más de 4.000 años. A finales del siglo XIX, los Países Bajos lograron someter

a Bali bajo su dominio colonial, después de una serie de conflictos y guerras. Bali se convirtió en parte de las Indias Orientales Neerlandesas y estuvo bajo control colonial hasta la independencia de Indonesia en 1945. Después de la Segunda Guerra Mundial, Indonesia declaró su independencia de los Países Bajos y Bali se convirtió en parte de la República de Indonesia, siendo una provincia del país desde entonces. Es famosa por sus arrozales escalonados, templos hindúes, danzas tradicionales y artesanías. Entre los templos más destacados se encuentran el Templo de Besakih, conocido como el "Templo Madre" de Bali, y el Templo de Uluwatu, que se encuentra en un acantilado con vistas al mar. Además de sus hermosas playas, la isla cuenta con paisajes naturales espectaculares que incluyen selvas tropicales, montañas volcánicas e impresionantes cascadas. Bali atesora una rica cultura y tradiciones únicas que han sido influenciadas por el hinduismo, religión predominante en la isla.

Ballena: Las ballenas son mamíferos marinos de gran tamaño, pertenecientes al grupo de los cetáceos. Desde la majestuosa ballena azul, la más grande del mundo, hasta las ballenas jorobadas que realizan impresionantes saltos, estas criaturas desempeñan un papel crucial en los ecosistemas marinos y son objeto de conservación y observación de vida silvestre. Son en su mayoría animales filtradores que se alimentan de pequeños organismos como el krill, el plancton y los peces pequeños. Utilizan estructuras en sus bocas, como barbas o placas de filtración, para filtrar el alimento del agua. Las ballenas son animales sociales que a menudo viajan en grupos. Son conocidas por su sofisticado sistema de comunicación, que incluye una variedad de sonidos, como cantos, clics y silbidos. Estos sonidos pueden servir para la navegación, la búsqueda de alimentos y la comunicación entre individuos. Hay alrededor de 90 especies de ballenas que se encuentran en océanos de todo el mundo, desde las aguas polares del Ártico y la Antártida hasta los trópicos. Son animales impresionantes que juegan un papel crucial en los ecosistemas marinos y que han capturado la imaginación humana durante siglos.

Báltico: El mar Báltico es un mar interior ubicado en el norte de Europa, se extiende entre Suecia y Finlandia al oeste, y Estonia, Letonia, Lituania, Polonia, Alemania y Dinamarca al este. Es conocido por su historia y conectividad comercial, así como por su belleza natural. Tiene una forma irregular con numerosas bahías, golfos y penínsulas. Está salpicado de miles de islas e islotes, muchos de los cuales son parte de archipiélagos como el archipiélago de Estocolmo en Suecia y las islas Aland entre Finlandia y Suecia. El mar también alberga varios puertos importantes, incluidos los de Hamburgo, Gdansk y Estocolmo. La fauna marina incluye especies como el arenque, el salmón, el bacalao y diversas aves marinas. Ha sido testigo de importantes eventos históricos, desde la Liga Hanseática hasta la Guerra Fría. El Mar Báltico ofrece costas pintorescas, playas de arena blanca, aguas tranquilas y actividades recreativas como la navegación, el kayak, la pesca y el senderismo. Los archipiélagos y las ciudades costeras son un interesante destino turístico ofreciendo una variedad de opciones de turismo, desde resorts de lujo hasta acogedores pueblos pesqueros y reservas naturales.

Bangkok: Bangkok, la capital de Tailandia. Bangkok está situada en la región central de Tailandia, a orillas del río Chao Phraya, cerca de su desembocadura en el Golfo de Tailandia. Fundada en 1782 por el rey Rama I de la dinastía Chakri, Bangkok ha sido la capital de Tailandia desde entonces. Durante su historia, la ciudad ha experimentado un rápido crecimiento y desarrollo, convirtiéndose en un centro cosmopolita y moderno con una extensa historia y patrimonio cultural. En la ciudad, se pueden encontrar numerosos e impresionantes templos budistas, como el Templo del Buda Esmeralda (Wat Phra Kaew) y el Templo del Amanecer (Wat Arun), que son

importantes lugares de peregrinación y símbolos de la cultura tailandesa. También es conocida por su bullicioso mercado flotante, sus canales (khlongs) y su vida nocturna. La ciudad también alberga una amplia variedad de museos, galerías de arte, teatros y centros comerciales. Es el principal centro económico y financiero de Tailandia, con una economía diversificada que incluye sectores como el turismo, la manufactura, la tecnología, los servicios financieros y la industria del entretenimiento. La ciudad es un importante centro comercial y de negocios en el sudeste asiático y atrae a inversores y empresarios de todo el mundo.

Begonia: La begonia es una planta ornamental apreciada por sus vistosas flores y atractivas hojas. Con una amplia variedad de especies y cultivos, las begonias se utilizan comúnmente en jardinería y paisajismo. Algunas begonias son apreciadas por su resistencia en interiores, mientras que otras prosperan en jardines exteriores, contribuyendo a la diversidad y colorido de los espacios verdes.

Bering: El Mar de Bering, es un cuerpo de agua que separa Asia de América del Norte. Ubicado en el hemisferio norte, entre la península de Kamchatka en Rusia y Alaska en Estados Unidos. Es un mar del océano Pacífico y está conectado con el océano Ártico al norte a través del estrecho de Bering y con el océano Pacífico al sur a través del estrecho de Unimak y el paso de la Isla Aleutiana. Durante el invierno, gran parte del mar se congela debido a las bajas temperaturas, formando una capa de hielo marino. En verano, el hielo se derrite y las aguas se vuelven más navegables. Es hogar de una rica variedad de vida marina, incluyendo mamíferos como ballenas, focas y leones marinos, así como aves marinas y una gran diversidad de peces, como el bacalao, salmón, camarones y otros. Es de gran importancia cultural para las comunidades indígenas que han vivido en la región durante milenios, como los inuit, los yupik y los aleutas.

Berlín: Capital de Alemania y una de las ciudades más grandes e importantes de Europa. El origen de Berlín se remonta a la Edad Media, cuando se estableció como un pequeño asentamiento en la región de Brandeburgo, en lo que ahora es el noreste de Alemania. A lo largo de los siglos, Berlín experimentó un crecimiento gradual y se convirtió en un importante centro comercial y político en la región. Es una ciudad que ha sido testigo de eventos históricos cruciales, desde la Guerra Fría hasta la reunificación alemana. Berlín cuenta con una mezcla diversa de arquitectura, que refleja su historia multifacética. La ciudad alberga edificios históricos como la Puerta de Brandeburgo y la Catedral de Berlín, así como estructuras modernas como la Torre de la Televisión y la Casa del Reichstag. Actualmente, es conocida por su vibrante escena cultural, que incluye una amplia variedad de museos, galerías de arte, teatros, óperas y eventos culturales. Es un imán para artistas, músicos, escritores y creadores de todo el mundo.

Borneo: Borneo es la tercera isla más grande del mundo y está dividida entre Malasia, Indonesia y Brunéi. Borneo es conocida por ser uno de los lugares más biodiversos del mundo, con una increíble variedad de flora y fauna. Alberga una gran cantidad de especies endémicas, incluidos orangutanes, elefantes pigmeos, rinocerontes de Sumatra y el famoso mono narigudo. Respecto a sus especies vegetales, destacan flores como la rafflesia arnoldii. La mayor parte de Borneo está cubierta por densas selvas tropicales, que la convierten en un auténtico tesoro de la naturaleza. Posee diversos parques nacionales como el Parque Nacional Gunung Mulu y el Parque Nacional Kinabalu. Posee una variedad de grupos étnicos y comunidades indígenas que han habitado la isla durante milenios. Los principales grupos étnicos incluyen a los dayak en Kalimantan (la parte indonesia de Borneo), los malayos en Malasia y los iban en Brunéi. Cada grupo tiene su propia lengua, cultura y tradiciones únicas. La economía de Borneo está

impulsada por la extracción de recursos naturales, como el petróleo, el gas natural, el carbón y la madera. También es un destino popular para el turismo ecológico y de aventura, debido a su impresionante belleza natural y sus oportunidades para la observación de vida silvestre y actividades al aire libre.

Brasil: Brasil, el país más grande de América del Sur, es conocido por su selva amazónica, playas deslumbrantes y festivales como el Carnaval, una de las fiestas más grandes y famosas del mundo y un ejemplo de la rica cultura brasileña. Brasil es conocido por su diversidad étnica y cultural, que es el resultado de la mezcla de influencias indígenas, africanas, europeas y asiáticas. Brasilia es la capital. Río de Janeiro, es famosa por sus playas icónicas, como Copacabana e Ipanema, así como por el Cristo Redentor y el Pan de Azúcar. Sao Paulo es la ciudad más grande de Brasil y es un importante centro económico y cultural. Respecto a si riqueza natural, además de la Amazonía, el país cuenta con otros ecosistemas impresionantes, como el Pantanal, el mayor humedal del mundo, y el Parque Nacional de Iguazú, que alberga las espectaculares Cataratas del Iguazú, una de las maravillas naturales del mundo.

Brújula: La brújula es un instrumento de navegación que ha sido esencial para los exploradores y navegantes durante siglos. Utiliza la propiedad magnética de la aguja imantada para indicar la dirección norte magnético. La invención de la brújula ha sido crucial para el desarrollo de la navegación marítima y terrestre, facilitando la exploración y los viajes. Hay varios tipos de brújulas, incluyendo la brújula de aguja flotante, la brújula de base líquida, la brújula de espejo y la brújula de orientación profesional. Cada tipo tiene sus propias características y se utiliza en diferentes aplicaciones, como la navegación terrestre, marítima, aérea y la orientación al aire libre. Es importante tener en cuenta que la brújula apunta hacia el norte magnético de la Tierra, que no es lo mismo que el norte geográfico. Esta diferencia se conoce como declinación magnética y puede variar según la ubicación geográfica. La brújula es uno de los instrumentos de navegación más antiguos que se conocen, y su invención se atribuye generalmente a los chinos alrededor del siglo II a.C.

Buenos Aires: Buenos Aires, la capital de Argentina, fue fundada en 1536 por exploradores españoles, concretamente por Pedro de Mendoza. Durante la colonia española, fue un puerto comercial importante y una base para la exploración y la conquista del interior del país. En el siglo XIX, la ciudad fue escenario de importantes eventos políticos, incluida la declaración de independencia de Argentina en 1816 y las guerras civiles entre unitarios y federales. Durante el siglo XX, Buenos Aires fue testigo de un rápido crecimiento urbano e industrial, así como de períodos de agitación política y económica. Es una ciudad que combina la elegante arquitectura europea clásica, especialmente la española e italiana, con una rica cultura. La ciudad cuenta con hermosos edificios históricos, plazas elegantes y amplias avenidas. Desde el barrio de La Boca hasta los parques extensos, la ciudad refleja la cultura y la historia de Argentina. Buenos Aires es un importante centro cultural de América Latina, conocido por su escena de música, teatro, danza y arte. Es considerada la cuna del tango, un género musical y forma de baile que surgió en los barrios de la ciudad a fines del siglo XIX. Como centro económico de Argentina, Buenos Aires es el principal motor de la economía del país.

Camelia: La camelia es un género de plantas que incluye varias especies de arbustos y árboles que producen flores grandes y llamativas. Es nativa de regiones de Asia, especialmente de China y Japón. Sin embargo, se ha cultivado y se ha vuelto popular en todo el mundo por su atractiva floración. Las flores pueden ser simples o dobles y están disponibles en una amplia gama de

colores, incluyendo blanco, rosa, rojo y bicolor. Con flores hermosas y hojas brillantes, las camelias son apreciadas en jardines y como planta ornamental. La camelia es un género de plantas que incluye especies como la Camelia japónica, la más conocida o la Camelia sinensis, de la cual se obtiene el té. Esta planta también es conocida por producir aceite de semilla de camelia. Este aceite se utiliza en la cocina y en productos cosméticos debido a su alta resistencia al calor y sus propiedades beneficiosas para la piel.

Canadá: Canadá es un país vasto que se extiende desde el océano Atlántico hasta el Pacífico y hacia el norte hasta el Ártico. Los pueblos indígenas habitaban el territorio que hoy es Canadá antes de la llegada de los europeos. Los exploradores europeos comenzaron a llegar en el siglo XV y las colonias británicas y francesas se establecieron en el área. En 1867, Canadá se convirtió en una confederación de provincias bajo la Ley de la Norteamérica Británica y se convertiría en una nación independiente dentro del Commonwealth británico. Con una belleza natural impresionante, que incluye las Montañas Rocosas y las Cataratas del Niágara. Cuenta con numerosos parques nacionales, como Banff, Jasper y Yoho en las Montañas Rocosas, el Parque Nacional de Gros Morne en Terranova, y el Parque Nacional Fundy en Nuevo Brunswick, entre otros. Las principales ciudades de Canadá son Toronto, Montreal, Vancouver, Calgary y Ottawa, que es la capital del país. La cultura canadiense es una mezcla de influencias indígenas, europeas y de otros lugares del mundo, lo que le aporta esa riqueza cultural que le caracteriza. La economía de Canadá cuenta con recursos naturales abundantes, incluyendo petróleo, gas natural, minerales, bosques y agua dulce. Es un importante exportador de productos agrícolas y recursos naturales. También tiene una industria manufacturera y de servicios desarrollada.

Cáncer: La constelación de Cáncer se encuentra en el hemisferio norte y es una de las constelaciones del zodíaco. En el cielo, Cáncer es una constelación relativamente débil. Es más fácil de observar en lugares con poca contaminación lumínica y en noches despejadas. No tiene estrellas especialmente brillantes, pero su forma distintiva se puede identificar por un cúmulo de estrellas que forman un patrón que se asemeja vagamente a un cangrejo. Su nombre proviene del latín y significa "el cangrejo". En la mitología griega, se asocia con el cangrejo enviado por Hera para atacar a Hércules durante su lucha con la hidra de Lerna.

Canguro: Los canguros son marsupiales nativos de Australia, conocidos por su habilidad para saltar largas distancias a altas velocidades con sus poderosas patas traseras. Se caracterizan por llevar a sus crías en una bolsa abdominal. Los canguros son animales herbívoros que han evolucionado para adaptarse a diversos hábitats, desde llanuras hasta bosques. Pueden alcanzar velocidades de hasta 56 km/h y dar saltos de hasta 9 metros de longitud y 3 metros de altura. Existen varias especies de canguros, siendo el canguro rojo (Macropus rufus) el más grande y conocido. Los machos adultos pueden alcanzar hasta 1,8 metros de altura y pesar hasta 90 kilogramos. Otras especies incluyen el canguro gris oriental, el canguro gris occidental y el canguro antílope.

Capricornio: La constelación de Capricornio se encuentra en el hemisferio celestial sur. Es una constelación relativamente pequeña y discreta en comparación con algunas de las otras constelaciones del zodíaco. Contiene varias estrellas prominentes, como Delta Capricornii, que es una estrella binaria visible a simple vista. En el cielo, Capricornio se encuentra entre las constelaciones de Sagitario y Acuario. Su nombre proviene del latín y significa "el cabrío". En la mitología griega, esta constelación se asocia con Amaltea, la cabra que amamantó al dios Zeus cuando era un bebé.

Carbón: El carbón es una roca sedimentaria de origen orgánico, de color negro, compuesta principalmente por carbono, junto con pequeñas cantidades de otros elementos como hidrógeno, oxígeno, azufre y nitrógeno, así como también impurezas minerales. Se forma a partir de la acumulación y descomposición de materia orgánica en condiciones de alta presión y temperatura durante millones de años. Este proceso se produce en áreas pantanosas o boscosas donde la vegetación muerta se acumula y se entierra bajo capas de sedimentos. Hay varios tipos de carbón, que varían en su contenido de carbono y calidad. Los principales son: *Antracita:* El carbón de mayor calidad, con alto contenido de carbono y bajo contenido de impurezas. Es duro, brillante y produce mucho calor cuando se quema. *Hulla:* Es el tipo más común de carbón y se utiliza principalmente para la generación de electricidad y en la industria siderúrgica. *Lignito:* El carbón de menor calidad, con un contenido de carbono más bajo y más impurezas. Se quema fácilmente pero produce menos calor que la antracita y la hulla. El carbón ha sido una fuente importante de energía durante siglos y se utiliza principalmente para la generación de electricidad y la producción de acero en la industria siderúrgica. También se utiliza en la producción de cemento, productos químicos, papel y otros productos industriales.

Caribe: El Mar Caribe es un mar tropical del océano Atlántico ubicado al sureste del golfo de México y al norte de América del Sur. Está rodeado por las Antillas, un archipiélago que incluye grandes islas como Cuba, Haití, República Dominicana, Jamaica, Puerto Rico y las islas Caimán, entre otras. También limita con las costas de varios países continentales, como Venezuela, Colombia, Panamá, Costa Rica, Nicaragua, Honduras, Belice, Guatemala, México y Estados Unidos. El Mar Caribe es conocido por su impresionante belleza natural, aguas cristalinas, arrecifes de coral, playas de arena blanca y una rica biodiversidad marina. El clima del Caribe es cálido y tropical durante todo el año, con temperaturas suaves y consistentes y una alta humedad.

Cárpatos: Los Cárpatos son una cadena montañosa que se extiende por Europa Central y del Este, atravesando varios países como Ucrania, Eslovaquia, Polonia y Rumania. Abarca una extensión de aproximadamente 1.500 kilómetros. Los Cárpatos albergan una gran diversidad de vida silvestre, incluyendo especies de plantas y animales que no se encuentran en ninguna otra parte de Europa. Es es el hogar de numerosas especies endémicas, como el lince euroasiático, el oso pardo y el urogallo de los Cárpatos. También son una importante fuente de recursos naturales, incluyendo madera, minerales y agua. La región es conocida por sus extensos bosques de coníferas, sus ricos yacimientos minerales y sus numerosos ríos y lagos. Ha sido habitada por diversas culturas y civilizaciones a lo largo de los siglos, incluyendo celtas, romanos, eslavos, húngaros y rumanos. Los Cárpatos están salpicados de castillos medievales, iglesias históricas y pueblos tradicionales que reflejan la rica herencia cultural de la región.

Cascadas: La Cordillera de las Cascadas es una cadena montañosa que se extiende desde el norte de California, en Estados Unidos, hasta la Columbia Británica, en Canadá. Esta cordillera es conocida por su gran cantidad de volcanes, algunos de los cuales están cubiertos por glaciares. En la Cordillera de las Cascadas se encuentran varias cascadas impresionantes, muchas de las cuales son alimentadas por los ríos que fluyen desde los glaciares y las altas montañas de la región. Algunas de las cataratas más conocidas en la Cordillera de las Cascadas incluyen: Las Cataratas Snoqualmie, Ubicadas cerca de Seattle, en el estado de Washington; Las Cataratas Proxy, el Parque Nacional North Cascades (Washington); Las Cataratas Panther Creek, situadas

en el suroeste de Washington y las Cataratas Multnomah, ubicadas en el estado de Oregón, cerca de Portland.

Casiopea: Casiopea es una constelación en el hemisferio norte. Se caracteriza por su forma distintiva en "W" o "M", según la posición en la bóveda celeste. Esto se debe a la disposición de sus cinco estrellas más brillantes: Alpha Cassiopeia, Beta Cassiopeiae, Gamma Cassiopeiae, Delta Cassiopeiae y Epsilon Cassiopeia. La constelación es conocida por sus numerosas estrellas dobles y cúmulos estelares, lo que la convierte en un destino popular para los astrónomos aficionados. En la mitología griega, Casiopea era la reina de Etiopía y madre de Andrómeda.

Cáucaso: Las Montañas del Cáucaso se encuentran entre el mar Negro y el mar Caspio, extendiéndose aproximadamente 1.200 kilómetros en dirección noroeste-sureste. Forman una barrera natural entre Europa y Asia y dividen la región del Cáucaso Norte (mayormente en Rusia) del Cáucaso Sur (Georgia, Armenia y Azerbaiyán). Posee cumbres que alcanzan altitudes de más de 5.000 metros. Albergan una rica biodiversidad, con una gran variedad de hábitats que van desde bosques templados y praderas alpinas hasta glaciares y estepas. La región es el hogar de una amplia gama de especies de flora y fauna, incluyendo osos, lobos, linces, cabras montesas, águilas y muchas más. Las Montañas del Cáucaso son también conocidas por su diversidad étnica y cultural. La región alberga a numerosos grupos étnicos, incluyendo avaros, adigueos, chechenos, ingushes, lezguinos, osetios y muchos más. Cada grupo étnico tiene su propio idioma, tradiciones y costumbres únicas. Tiene una rica historia y ha sido escenario de conflictos geopolíticos.

Célebes: El Mar de Célebes, también conocido como Mar de Sulawesi, es un mar del océano Índico que se encuentra entre las islas del archipiélago de Indonesia, Borneo (Kalimantan), Célebes (Sulawesi), las Célebes Menores y las islas de Sulu. Es uno de los mares más grandes del mundo, con una superficie de aproximadamente 560.000 kilómetros cuadrados. El Mar de Célebes es conocido por su rica biodiversidad marina y su importancia para la pesca y la navegación en la región. Alberga una amplia variedad de especies marinas, incluidos peces, crustáceos, moluscos y corales. Proporciona recursos pesqueros vitales para las comunidades costeras de Indonesia, Malasia y Filipinas.

Chicago: Chicago es una ciudad ubicada en el estado de Illinois, en la región centro-norte de Estados Unidos. Es la tercera ciudad más grande del país, después de Nueva York y Los Ángeles, y es un importante centro económico, cultural y de transporte en la región de los Grandes Lagos. Es conocida por su impresionante arquitectura, que incluye rascacielos icónicos como la Torre Willis, el edificio John Hancock Center y el edificio Tribune. La ciudad es considerada la cuna del rascacielos moderno y alberga variedad de estilos arquitectónicos, desde el neogótico hasta el modernismo. Se fundó en el siglo XIX y albergó la Feria Mundial de 1893, un evento monumental que mostró lo mejor de la tecnología, la cultura y el arte de la época y atrajo a millones de visitantes de todo el mundo. Introdujo al público a una serie de innovaciones tecnológicas, como la iluminación eléctrica, el ascensor y el sistema de transporte por cable. También fue un catalizador para el desarrollo y la expansión de Chicago como una importante ciudad industrial y cultural en Estados Unidos.

Chihuahua: El Desierto de Chihuahua es una región desértica que se extiende por gran parte del norte de México y el suroeste de Estados Unidos. Es uno de los desiertos más grandes de América del Norte y abarca partes de los estados mexicanos de Chihuahua, Coahuila, Durango y

Zacatecas, así como partes de los estados estadounidenses de Texas, Nuevo México y Arizona. Se caracteriza por su paisaje árido y seco, con vastas extensiones de terreno rocoso, dunas de arena, cañones profundos y mesetas escarpadas. A pesar de las duras condiciones, el Desierto de Chihuahua alberga una sorprendente diversidad de vida silvestre adaptada a su entorno. Entre los animales que habitan en el desierto se encuentran coyotes, zorros, venados, serpientes, lagartijas y una variedad de aves migratorias. También hay una variedad de plantas resistentes al desierto, como cactus, yucas, árboles de mezquite y arbustos espinosos. También ha sido escenario de eventos históricos importantes, como la Revolución Mexicana y la migración de personas en busca de oportunidades económicas en Estados Unidos.

Chile: Chile es un país ubicado en el extremo suroeste de América del Sur. La geografía de Chile es muy variada e incluye una amplia gama de paisajes, desde el desierto de Atacama en el norte, uno de los desiertos más áridos del mundo, hasta la Patagonia en el sur, con glaciares, fiordos, playas y montañas. También incluye la cordillera de los Andes, que atraviesa el país de norte a sur, y el fértil valle central, conocido por su producción agrícola. Santiago es la capital y otras atracciones incluyen la isla de Pascua y la Patagonia chilena. También tiene una larga costa que se extiende a lo largo del océano Pacífico. Chile tiene una historia compleja que incluye períodos de dominio colonial español, independencia y gobiernos democráticos y autoritarios en el siglo XX. Obtuvo su independencia de España en 1818, con líderes como Bernardo O'Higgins y José de San Martín. La cultura chilena es una fusión de influencias indígenas y europeas. Tiene una economía diversificada, con sectores como la minería, la agricultura, la silvicultura, la pesca y el turismo. Es el principal productor mundial de cobre y tiene importantes reservas de otros minerales.

China: China es una nación ubicada en Asia Oriental y es el país más poblado del mundo. Es una de las civilizaciones más antiguas del mundo, con una historia registrada que se remonta a más de 5.000 años, desde las antiguas dinastías imperiales hasta la era moderna. Ha sido el hogar de grandes logros culturales y científicos, incluida la invención del papel, la pólvora, la brújula y la imprenta. La Gran Muralla China es una de las maravillas del mundo antiguo y sigue siendo un símbolo emblemático del país. China es el país más poblado del mundo, con más de 1.400 millones de habitantes. Su cultura es rica y diversa, con una variedad de tradiciones, idiomas, costumbres y cocinas regionales. La filosofía confuciana, el taoísmo y el budismo han tenido una profunda influencia en la sociedad china a lo largo de los siglos. El idioma oficial es el chino mandarín, pero también se hablan muchos otros dialectos y lenguas. Es una de las economías más grandes del mundo. Ha experimentado un rápido crecimiento económico desde finales del siglo XX, impulsado por políticas de reforma y apertura implementadas a partir de la década de 1980. Es un importante exportador de productos manufacturados y conocido por su mano de obra y sus fuertes sectores de tecnología y manufactura.

Chukotka: El Mar de Chukotka es una parte del océano Ártico que se encuentra entre la península de Chukotka, en el noreste de Rusia, y la isla de Wrangel. Es una región remota y poco explorada, caracterizada por sus duras condiciones climáticas y su importancia para la fauna ártica. Es conocido por su papel crucial en la migración de varias especies de aves marinas, mamíferos marinos y otras especies que dependen de sus aguas y costas para alimentarse, reproducirse y descansar. Es especialmente importante como hábitat para mamíferos marinos como ballenas, morsas y focas, así como para aves marinas como los frailecillos y los fulmares. La región del Mar de Chukotka es habitada por pueblos indígenas como los chukchis y los yupik,

que han vivido en la zona durante milenios y dependen de los recursos marinos para su subsistencia. La caza y la pesca son tradiciones importantes en sus culturas y han sido practicadas durante generaciones.

Cisne: Los cisnes son aves acuáticas majestuosas que pertenecen a la familia Anatidae, que también incluye patos y gansos. Con su distintivo cuello largo y elegante plumaje blanco. Suelen habitar en lagos, estanques, ríos y pantanos de agua dulce. También pueden encontrarse en marismas costeras y bahías durante la temporada de reproducción. Necesitan aguas tranquilas y abundantes vegetación acuática para alimentarse y anidar. Los cisnes se encuentran en diversas partes del mundo, dependiendo de la especie. Por ejemplo, el cisne mudo es nativo de Europa y Asia, mientras que el cisne trompetero es nativo de América del Norte. Algunas especies migran grandes distancias durante el invierno en busca de hábitats más cálidos. Son aves herbívoras, su alimentación generalmente consiste en plantas acuáticas, hierbas, semillas, algas y veces también pequeños invertebrados.

Clavel: El clavel, científicamente conocido como Dianthus caryophyllus, es una flor ornamental popular conocida por sus flores fragantes y su amplia variedad de colores. Es apreciado en jardinería y arreglos florales. Los claveles son originarios de la región mediterránea, pero se han cultivado y apreciado en todo el mundo por su belleza y fragancia. Se cree que han sido cultivados durante más de 2.000 años pues existen registros de su cultivo en la antigua Grecia y Roma. Las flores de clavel vienen en una amplia variedad de colores, incluyendo blanco, rojo, rosa, amarillo, naranja y morado.

Cobre: El cobre es un metal maleable de color rojizo conocido por su conductividad eléctrica y su uso en la fabricación de cables, tuberías, maquinaria, componentes electrónicos y joyería. Además, el cobre ha sido utilizado históricamente en la acuñación de monedas y esculturas. Es altamente reciclable. Los principales productores de cobre son Chile, China, Perú, Estados Unidos y Australia. Las reservas de cobre se encuentran en muchas partes del mundo, pero los mayores yacimientos están ubicados en América del Sur y América del Norte. Es esencial para la vida y se encuentra en muchos alimentos. Desempeña un papel importante en varias funciones biológicas, incluyendo la formación de glóbulos rojos y la función del sistema inmunológico. Sin embargo, la exposición excesiva al cobre puede tener efectos adversos en la salud.

Cocodrilo: Los cocodrilos se encuentran en regiones tropicales y subtropicales de África, Asia, las Américas y Australia. Prefieren hábitats de agua dulce, como ríos, lagos, pantanos y manglares, aunque también pueden habitar en estuarios y áreas costeras de agua salada. Los cocodrilos son carnívoros y se alimentan principalmente de peces, aves, mamíferos y otros animales que pueden capturar en el agua o en las orillas de los cuerpos de agua. Son depredadores sigilosos y pueden permanecer inmóviles durante largos períodos de tiempo antes de atacar a su presa con un rápido movimiento de su mandíbula. Son animales solitarios y territoriales, especialmente durante la temporada de reproducción. Pasan gran parte del día tomando el sol en las orillas de los ríos o lagos para regular su temperatura corporal. La reproducción de los cocodrilos varía según la especie, pero generalmente involucra un cortejo ritual entre machos y hembras, seguido de la construcción de un nido de vegetación en la orilla del agua donde la hembra deposita sus huevos. Los cocodrilos son animales ovíparos, lo que significa que ponen huevos que eclosionan después de un período de incubación, y las crías son cuidadas por la madre hasta que son lo suficientemente grandes para valerse por sí mismas.

Colima: El Volcán Colima, también conocido como Volcán de Fuego, es un volcán activo ubicado en el estado de Colima, en México. Es parte de la Cordillera Volcánica Transversal, que atraviesa el país de oeste a este. Es uno de los volcanes más activos de México y ha tenido numerosas erupciones a lo largo de su historia registrada. El Volcán Colima y su entorno son parte del Parque Nacional Nevado de Colima, una reserva natural protegida que alberga una variedad de ecosistemas, incluidos bosques de pino y encino, así como una gran diversidad de flora y fauna.

Colombia: Colombia es un país ubicado en América del Sur, conocido por su diversidad geográfica que incluye selvas tropicales, playas, montañas y llanuras. Bogotá es la capital, y otras ciudades importantes son Medellín y Cartagena. Colombia es conocida por su rica historia y herencia cultural, que incluye influencias indígenas, europeas y africanas. Las civilizaciones precolombinas, como los muiscas, los tayronas y los quimbayas, dejaron un legado de arte, arquitectura y tecnología que todavía se puede ver en sitios arqueológicos como Ciudad Perdida y San Agustín. La llegada de los españoles en el siglo XVI trajo consigo la colonización europea y la introducción de la cultura hispana y el catolicismo. Esta mezcla de culturas dio lugar a una sociedad diversa y multicultural. Colombia es conocida por su producción de café, flores, esmeraldas y petróleo, entre otros productos.

Colorado: El río Colorado es uno de los ríos más importantes de América del Norte, conocido por su papel crucial en la geografía, ecología y desarrollo económico de la región suroeste de los Estados Unidos y el noroeste de México. Tiene su origen en las Montañas Rocosas de Colorado, en el estado de Colorado, Estados Unidos. Fluye hacia el suroeste a través de varios estados de EE. UU., incluyendo Utah, Arizona, Nevada y California, antes de entrar en México y desembocar en el Golfo de California. Tiene una longitud de aproximadamente 2.330 kilómetros, convirtiéndolo en uno de los ríos más largos de América del Norte. A lo largo del río Colorado se han construido numerosas presas y embalses para controlar el flujo de agua, generar energía hidroeléctrica, suministrar agua para la irrigación agrícola y proporcionar agua potable para las ciudades y comunidades a lo largo de su curso. La presa Hoover, en el estado de Nevada, es una de las más conocidas y grandes.

Colorado Plateau: El Desierto Colorado Plateau, también conocido como la Meseta del Colorado, es una vasta región desértica que abarca partes de cuatro estados del suroeste de Estados Unidos: Utah, Colorado, Arizona y Nuevo México. Es conocido por su terreno accidentado, altiplanicies, cañones profundos y formaciones rocosas únicas. La región del Desierto Colorado Plateau alberga algunos de los paisajes más icónicos de Estados Unidos, incluyendo el Gran Cañón en Arizona, el Monument Valley en Utah y Arizona, Bryce Canyon en Utah, y el Parque Nacional Arches en Utah. Estos lugares son conocidos por sus espectaculares formaciones rocosas, arcos naturales, mesas y torres de piedra. A pesar de su aridez, alberga una sorprendente diversidad de vida silvestre, adaptada a las duras condiciones del desierto. Entre los animales que habitan la región se incluyen coyotes, linces del desierto, pumas, ciervos, águilas, búhos y una variedad de reptiles y anfibios. ha sido habitado por pueblos indígenas durante miles de años, incluyendo a los navajos, hopis, utes, anasazis y otros. Estos grupos han dejado un rico legado cultural en forma de arte rupestre, petroglifos, pictogramas y restos arqueológicos que se pueden encontrar en toda la región.

Columbia: El río Columbia es uno de los ríos más importantes de América del Norte, y es especialmente relevante para los Estados Unidos y Canadá. El río Columbia fluye hacia el océano Pacífico y tiene su origen en las Montañas Rocosas de Columbia Británica, Canadá. Luego fluye

hacia el sur a lo largo de la frontera entre los estados de Washington y Oregón en los Estados Unidos, antes de girar hacia el oeste y formar la mayor parte de la frontera entre Washington y el estado de Oregón. Finalmente, desemboca en el océano Pacífico. Tiene una longitud aproximada de 2.000 kilómetros, siendo uno de los ríos más largos de América del Norte. Se utiliza para la navegación, la producción hidroeléctrica, el riego agrícola y la recreación. El río Columbia y su cuenca albergan una diversidad de vida silvestre, incluyendo especies de salmón como el salmón chinook, el salmón coho y el salmón sockeye.

Coral: El Mar del Coral es una región marina situada en el océano Pacífico occidental, frente a la costa noreste de Australia. Es conocido por ser el hogar de la Gran Barrera de Coral, el sistema de arrecifes de coral más grande del mundo y uno de los ecosistemas más diversos del planeta. La Gran Barrera de Coral abarca más de 2.300 kilómetros de longitud y consiste en miles de arrecifes individuales y cientos de islas y atolones. Este ecosistema alberga una asombrosa variedad de vida marina, incluidos corales, peces tropicales, tortugas marinas, tiburones, rayas, delfines y ballenas. El Mar del Coral es una importante zona de pesca comercial y recreativa, así como un destino turístico popular para la práctica del buceo, el snorkel y otros deportes acuáticos.

Córcega: Córcega es una isla situada en el mar Mediterráneo occidental, frente a la costa sureste de Francia y al noroeste de Italia. Es la cuarta isla más grande del Mediterráneo y es conocida por su belleza natural impresionante, su rica historia y su cultura distintiva. La isla de Córcega atesora una rica historia, que abarca desde la época prehistórica hasta la actualidad. Ha sido habitada por diversos pueblos y culturas a lo largo de los siglos, incluidos fenicios, griegos, romanos, genoveses y franceses, entre otros. Esta rica herencia cultural se refleja en la arquitectura, la gastronomía, la música y las tradiciones de la isla. Es conocida por su impresionante paisaje montañoso, que incluye picos escarpados, bosques frondosos, ríos cristalinos y playas de arena dorada. El monte Cinto, el pico más alto de la isla, alcanza una altitud de más de 2.700 metros. La isla también es conocida por sus encantadores pueblos y ciudades, como Ajaccio, la capital de Córcega, que es famosa por ser el lugar de nacimiento de Napoleón Bonaparte, y Bonifacio, una ciudad medieval construida en lo alto de acantilados de piedra caliza.

Corea: Corea es una península ubicada en el noreste de Asia, compartida principalmente por dos países: Corea del Sur y Corea del Norte. Está rodeada por el Mar Amarillo al oeste y el Mar del Japón al este. El terreno es montañoso y accidentado, con una cadena montañosa que recorre la península de norte a sur. La península de Corea tiene una historia milenaria que se remonta a varios siglos antes de Cristo. Durante gran parte de su historia, Corea fue unificado como un solo reino. Sin embargo, en el siglo XX, tras la Segunda Guerra Mundial, la península fue dividida en dos zonas de ocupación: una al norte, ocupada por la Unión Soviética, y otra al sur, ocupada por Estados Unidos. Esto llevó a la creación de Corea del Norte y Corea del Sur en 1948. A pesar de las diferencias políticas y sociales entre Corea del Norte y Corea del Sur, ambos países comparten una herencia cultural común, que incluye el idioma coreano, la escritura hangul y muchas tradiciones culturales y culinarias similares.

Cotopaxi: El Cotopaxi es uno de los volcanes activos más altos del mundo. Se encuentra en la Cordillera de los Andes, al sur de la capital ecuatoriana, Quito. Es conocido por su imponente cono nevado y su forma casi perfecta, lo que lo convierte en una de las montañas más hermosas y reconocibles de los Andes. Su cumbre alcanza una altitud de aproximadamente 5.897 metros sobre el nivel del mar, lo que lo convierte en uno de los picos más altos de Ecuador y un destino

popular para alpinistas y excursionistas. El Cotopaxi es parte del Parque Nacional Cotopaxi, una reserva natural protegida que alberga una variedad de flora y fauna únicas, incluidos cóndores andinos, llamas, vicuñas y una variedad de especies vegetales adaptadas a las condiciones extremas de altitud y clima.

Creta: Creta es la isla más grande de Grecia y una de las islas más grandes del mar Mediterráneo. Se encuentra en la parte sur del mar Egeo, al sur de la península griega. Con una historia rica y una belleza natural impresionante, Creta es un destino turístico popular y un lugar con una herencia cultural notable. La historia de Creta se remonta a la antigüedad, y la isla es conocida por ser el hogar de la civilización minoica, una de las civilizaciones más tempranas de Europa. El palacio de Knossos, cerca de la capital de Creta, Heraklion, es uno de los sitios arqueológicos más importantes de la isla. La civilización minoica dejó un legado duradero en forma de arte, arquitectura y mitología, con figuras como el rey Minos y el laberinto del Minotauro. Creta también ha sido un crisol de culturas a lo largo de los siglos, con influencias venecianas, otomanas y bizantinas que se reflejan en su arquitectura y tradiciones. La isla cuenta con ciudades portuarias, pueblos tradicionales de montaña y paisajes impresionantes, que van desde playas de arena dorada hasta montañas escarpadas.

Cuarzo: El cuarzo es uno de los minerales más comunes en la corteza terrestre y tiene una amplia variedad de formas y colores. Es un mineral compuesto principalmente de dióxido de silicio. Es un miembro de la familia de los silicatos, que son los minerales más abundantes en la corteza terrestre. El cuarzo puede encontrarse en una variedad de formas y estructuras cristalinas, incluyendo cristales prismáticos, geodas, masas masivas, agregados granulares y concreciones. Algunas variedades conocidas de cuarzo incluyen el cuarzo ahumado, el cuarzo rosa, el cuarzo amatista, el citrino, el jaspe, el ónice o el aguamarina. El cuarzo tiene una amplia gama de aplicaciones en diferentes industrias. Se utiliza en la fabricación de vidrio, cerámica, hormigón, abrasivos, joyas, relojes, electrónica y dispositivos ópticos. También se utiliza como mineral de colección por su belleza y variedad de formas y colores.

Dalia: La dalia es una flor hermosa y vibrante que pertenece a la familia Asteraceae y al género Dahlia. Son originarias de México y América Central, donde crecen de forma silvestre en regiones montañosas. Se cultivan en todo el mundo por sus atractivas flores y se han desarrollado miles de variedades diferentes a lo largo de los años. Tienen hojas verdes y dentadas y producen flores grandes y llamativas en una amplia gama de colores, incluyendo blanco, amarillo, naranja, rosa, rojo, púrpura y casi negro. Las flores pueden ser simples o dobles, y algunas especies tienen formas interesantes, como la forma de pompón o la forma de estrella. Las dalias son apreciadas en la jardinería ornamental por su belleza y diversidad de colores.

Danubio: El río Danubio es uno de los ríos más importantes de Europa y el segundo más largo del continente después del Volga. Se extiende desde los bosques de la Selva Negra en Alemania hasta el Mar Negro, atravesando ocho países en su camino: Alemania, Austria, Eslovaquia, Hungría, Croacia, Serbia, Bulgaria y Rumania. El Danubio ha desempeñado un papel crucial en la historia, la cultura y la economía de las regiones que atraviesa. Ha sido una importante ruta comercial y de transporte desde la antigüedad, conectando las regiones del este y el oeste de Europa. Muchas ciudades importantes se encuentran en las riberas del Danubio, incluidas Viena, Budapest, Belgrado y Bratislava. El Danubio también tiene un rico patrimonio cultural, con numerosos castillos, fortalezas, ciudades históricas y sitios arqueológicos a lo largo de su curso. Ha sido una fuente de inspiración para artistas, escritores y músicos a lo largo de los siglos.

De Baffin: El Mar de Baffin está ubicado en el extremo norte del océano Atlántico, en el Ártico, entre la costa noroeste de Groenlandia y la isla de Baffin, en Canadá. El Mar de Baffin es conocido por su impresionante belleza natural, con aguas cristalinas y rodeado de paisajes espectaculares, que incluyen montañas escarpadas, glaciares y fiordos. Es una región remota y poco habitada, habitada principalmente por comunidades indígenas como los inuit, que han vivido en la región durante milenios. Es hogar de una variedad de vida marina, incluidas especies como el narval, la ballena beluga, el oso polar y diversas aves marinas. Además, es una importante área de alimentación para muchas especies durante los meses de verano, cuando las aguas se deshielan y permiten el acceso a recursos alimenticios clave. El Mar de Baffin también ha sido importante en la historia de la exploración ártica, ya que ha sido transitado por numerosos exploradores a lo largo de los siglos en busca de rutas marítimas hacia el Ártico y el Polo Norte.

De Irlanda: El Mar de Irlanda es un cuerpo de agua situado entre la isla de Irlanda y la isla de Gran Bretaña. Es un mar relativamente pequeño pero importante en términos de navegación, pesca y transporte en la región. Es conocido por sus fuertes corrientes y sus condiciones marítimas desafiantes. El Mar de Irlanda también ha sido escenario de numerosos eventos históricos y culturales a lo largo de los siglos, desde batallas navales hasta leyendas y mitos. Su costa está salpicada de ciudades, pueblos y puertos que han desempeñado un papel importante en la historia y la cultura de la región

De Ross: Es uno de los mares más grandes y profundos de la región antártica y está ubicado en la parte suroeste del continente antártico. Este mar lleva el nombre del explorador británico James Clark Ross, quien lo descubrió en 1841 durante su expedición antártica. Está cubierto de hielo durante gran parte del año, especialmente en invierno. El hielo marino en el Mar de Ross puede ser particularmente grueso y persistente, lo que dificulta la navegación en ciertas épocas del año. El Mar de Ross es conocido por su rica vida marina, que incluye diversas especies de peces, aves marinas, mamíferos marinos y otros organismos. Es especialmente importante como área de alimentación para aves y mamíferos marinos durante el verano antártico, cuando las aguas se deshielan y proporcionan acceso a una abundante fuente de alimentos. Su relativa proximidad a la estación de investigación McMurdo y otras bases científicas en la región lo convierten en un lugar accesible para estudios oceanográficos, climáticos y biológicos.

Del Coral: El Mar del Coral es una región marina situada en el océano Pacífico occidental, frente a la costa noreste de Australia. Es conocido por ser el hogar de la Gran Barrera de Coral, el sistema de arrecifes de coral más grande del mundo y uno de los ecosistemas más diversos y biodiversos del planeta. La Gran Barrera de Coral abarca más de 2.300 kilómetros de longitud y consiste en miles de arrecifes individuales y cientos de islas y atolones. Este ecosistema alberga una asombrosa variedad de vida marina, incluidos corales, peces tropicales, tortugas marinas, tiburones, rayas, delfines y ballenas.

Delfín: Los delfines son mamíferos marinos conocidos por su inteligencia y comportamiento juguetón. Forman parte de la familia de los cetáceos y se encuentran en océanos de todo el mundo. Los delfines utilizan la ecolocación, que es un proceso utilizado por algunos animales, como los murciélagos y los delfines, para detectar objetos en su entorno mediante la emisión de sonidos y la interpretación de los ecos que retornan después de rebotar en dichos objetos. Básicamente, emiten sonidos de alta frecuencia y escuchan los ecos para determinar la distancia, tamaño, forma y textura de los objetos que los rodean.

Diamante: El diamante es una piedra preciosa conocida por su dureza y brillo. Se forma en las profundidades de la Tierra bajo condiciones de alta presión y temperatura. Los diamantes son apreciados en joyería y también se utilizan en aplicaciones industriales. Se utilizan en herramientas de corte, perforación y pulido en diversas industrias, incluyendo la minería, la construcción y la fabricación de dispositivos de precisión. Históricamente, la extracción de diamantes ha sido una actividad importante en países como Sudáfrica, Botswana, Rusia, Australia y Canadá, entre otros. Son mucho más que simples piedras preciosas, pues tienen una importancia cultural, económica y tecnológica significativa en todo el mundo.

Drakensberg: El Drakensberg es una cadena montañosa espectacular ubicada en el este de Sudáfrica y parte de Lesoto. El nombre "Drakensberg" se deriva del afrikáans y significa "Montañas del Dragón". Estas montañas son conocidas por su belleza escénica impresionante, que incluye picos imponentes, valles profundos, cascadas majestuosas y pinturas rupestres antiguas. El Drakensberg tiene un profundo significado cultural e histórico. Las pinturas rupestres en cuevas como las de las Montañas de los Jardines y las de las Montañas del Dragón, son vestigios de la rica herencia cultural de los pueblos San (Bosquimanos) y otros grupos étnicos que han habitado la región durante milenios.

Ebro: El río Ebro es uno de los ríos más importantes de España y de la península ibérica, con una longitud de aproximadamente 910 kilómetros. tiene su origen en el norte de España, en la Cordillera Cantábrica, en la provincia de Cantabria. Fluye hacia el este a través de las comunidades autónomas de Castilla y León, La Rioja, Navarra, Aragón y Cataluña, antes de desembocar en el mar Mediterráneo, cerca de la ciudad de Tarragona. Es una fuente importante de agua para la agricultura, la industria y el suministro de agua potable. Además, el río Ebro es navegable en varios tramos y ha sido históricamente utilizado para el transporte de mercancías. El valle del Ebro es conocido por su producción agrícola y vitivinícola.

Egipto: Egipto es un país ubicado en el noreste de África y es famoso por su antigua civilización, que fue una de las más influyentes de la historia de la humanidad. La civilización egipcia se destacó por su arquitectura monumental, así como por su avanzado conocimiento en áreas como la astronomía, las matemáticas y la medicina. El río Nilo ha sido fundamental en la historia y la cultura de Egipto, ya que proporciona agua y fertilidad a la tierra, permitiendo el florecimiento de la civilización egipcia antigua. La historia de Egipto abarca miles de años, desde los tiempos de los faraones hasta la conquista árabe y la influencia islámica. Egipto es un destino turístico popular debido a sus numerosos sitios arqueológicos y monumentos históricos. Los turistas pueden visitar las pirámides de Giza, el Templo de Karnak, el Valle de los Reyes, el Museo Egipcio en El Cairo, y realizar cruceros por el río Nilo, entre otras actividades.

Elefante: Los elefantes son mamíferos terrestres de gran tamaño conocidos por sus trompas distintivas y orejas grandes. Son parte de la familia Elephantidae y se dividen en tres especies principales: el elefante africano de sabana (Loxodonta africana), el elefante africano de bosque (Loxodonta cyclotis), y el elefante asiático (Elephas maximus). Estas majestuosas criaturas son conocidas por su inteligencia, su compleja estructura social y su papel vital en los ecosistemas en los que habitan. Los elefantes son los mamíferos terrestres más grandes del mundo. Los elefantes africanos pueden alcanzar alturas de hasta 4 metros y pesar entre 4 y 7 toneladas, mientras que los elefantes asiáticos son ligeramente más pequeños, con una altura máxima de unos 3 metros y un peso de 2 a 5 toneladas. Los elefantes son herbívoros y se alimentan principalmente de hierba, hojas, ramas, frutas y cortezas. Pueden consumir grandes cantidades

de comida cada día, lo que les obliga a pasar la mayor parte del tiempo buscando alimento y pastando. Son animales sociales y viven en grupos llamados manadas, que están liderados por una hembra adulta. la matriarca. Los elefantes son conocidos por su fuerte vínculo familiar y su comportamiento cooperativo, que incluye el cuidado de las crías y la protección del grupo.

Escorpio: Escorpio es una constelación zodiacal situada en el hemisferio celestial sur. Conocida por su forma de escorpión, es una de las constelaciones más reconocibles en el cielo nocturno del hemisferio sur durante el verano y del hemisferio norte durante el invierno. Escorpio contiene varias estrellas brillantes y objetos celestes interesantes, incluyendo la estrella supergigante roja Antares, una de las estrellas más brillantes del cielo nocturno. Además, en la cola del escorpión se encuentra la famosa nebulosa de la Laguna, una región de formación estelar visible incluso con prismáticos. En la mitología griega, Escorpio representa al escorpión que fue enviado por la diosa Artemisa o la diosa Hera para matar al cazador Orión. Después de una feroz batalla, el escorpión logró picar a Orión en el talón, causando su muerte. En honor a su valentía, Zeus colocó tanto a Orión como al escorpión en el cielo como constelaciones, pero los puso en lados opuestos para que nunca pudieran encontrarse nuevamente.

Esmeralda: Es una gema preciosa de color verde intenso que pertenece al grupo de los berilos. Su color característico se debe a la presencia de cromo y vanadio en su composición química. Es una de las cuatro gemas preciosas más conocidas junto con el diamante, el rubí y el zafiro. Las esmeraldas se han valorado durante siglos por su belleza y rareza, y se han utilizado en joyería, arte y rituales ceremoniales. Las minas más famosas de esmeraldas se encuentran en Colombia, aunque también se encuentran en otros lugares del mundo como Zambia, Brasil y Zimbabwe. La esmeralda es conocida por su brillo vítreo y su apariencia cristalina.

España: España es un país ubicado en el suroeste de Europa, conocido por su rica historia, cultura diversa y hermosos paisajes. Ocupa la mayor parte de la Península Ibérica, compartiendo fronteras terrestres con Portugal al oeste y Francia al noreste. También incluye varias islas en el mar Mediterráneo, como las Islas Baleares y las Islas Canarias. Su costa está bañada por el mar Mediterráneo al este y el océano Atlántico al oeste. Tiene una extensa y rica historia. Fue habitada por pueblos como los iberos, celtas, fenicios, griegos, cartagineses y romanos antes de ser conquistada por los visigodos y, más tarde, los árabes. La Reconquista, un período de varios siglos durante el cual los reinos cristianos expulsaron a los musulmanes de la península, culminó en la unificación de España en el siglo XV bajo los Reyes Católicos, Fernando e Isabel. Su capital es Madrid. España es conocida por su arquitectura impresionante, desde sus antiguas construcciones romanas y palacios árabes, pasando por sus Iglesias y Catedrales, hasta las innovadoras estructuras modernistas, como la Sagrada Familia de Gaudí, en Barcelona. Además, el país tiene una gran diversidad geográfica, que va desde las playas soleadas de la Costa del Sol hasta las montañas nevadas de Sierra Nevada y los paisajes desérticos de Almería. España es uno de los destinos turísticos más populares del mundo, con millones de visitantes que acuden cada año para disfrutar de sus playas, ciudades históricas, parques naturales, monumentos, gastronomía y una amplia gama de actividades culturales y recreativas.

Estación: Una estación, en topografía se refiere a un punto de referencia establecido en el terreno desde el cual se realizan mediciones o se toman observaciones. Las estaciones suelen ser marcadas con algún tipo de señalización física, como una estaca, un poste o un piquete, y están ubicadas en puntos estratégicos para facilitar la realización de mediciones topográficas. Las estaciones pueden ser temporales o permanentes, dependiendo de la duración y la

naturaleza del trabajo topográfico. Son fundamentales para garantizar la precisión y la consistencia en las mediciones topográficas y para establecer una referencia espacial común para los trabajos de levantamiento.

Estación Total: Una estación total es un instrumento topográfico utilizado en la medición de distancias y ángulos para realizar levantamientos geodésicos y topográficos. Combina un teodolito electrónico con un distanciómetro (o telemetría), lo que permite realizar mediciones precisas de puntos en el terreno. Su precisión las hace ideales para aplicaciones que requieren mediciones detalladas y precisas, como el levantamiento topográfico, el diseño de carreteras, la construcción de edificaciones y la ingeniería de obras civiles.

Estadal: El estadal es un instrumento geodésico utilizado para medir distancias en topografía. Consiste en una vara graduada de madera, metal u otro material, generalmente con una longitud de entre 2 y 5 metros. Se utiliza principalmente para medir distancias horizontales en terrenos planos o ligeramente inclinados. El estadal se coloca verticalmente en el suelo, y el operador observa a través de una mira o telescopio ubicado en la parte superior de la vara para alinearla con un punto de referencia lejano. Luego, se mide la distancia desde el punto de observación hasta la base del estadal para determinar la distancia horizontal con precisión. Es un instrumento básico pero fundamental en trabajos de topografía y cartografía.

Estados Unidos: Los Estados Unidos de América (EE. UU.) es un país ubicado en América del Norte, compuesto por 50 estados y un distrito federal (Washington D.C.). Posee una variedad impresionante de paisajes que van desde montañas escarpadas y desiertos áridos hasta extensas llanuras y costas vírgenes. Su historia abarca desde la llegada de los primeros colonos europeos en el siglo XV hasta la fundación de la nación como una república independiente en 1776 y su posterior expansión hacia el oeste. Ha sido protagonista de importantes eventos históricos, como la Guerra de Independencia, la Guerra Civil, y la participación en ambas guerras mundiales. Es una nación de inmigrantes, con una población diversa compuesta por personas de diferentes orígenes étnicos, culturales y religiosos. Washington, D.C., es la capital del país, y Nueva York es su ciudad más poblada.

Estambul: Estambul es una ciudad ubicada en Turquía. Es una metrópolis fascinante que sirve como puente entre Asia y Europa, dividida por el estrecho del Bósforo que separa Europa de Asia y conecta el mar de Mármara con el mar Negro. Esta ubicación le otorga un papel crucial como centro de comercio y cultura desde la antigüedad hasta la actualidad. Es la ciudad más grande de Turquía y atesora una historia que abarca más de dos milenios, Estambul ha sido hogar de varias civilizaciones y ha sido conocida bajo diferentes nombres a lo largo del tiempo, incluyendo Bizancio y Constantinopla. Ha sido capital del Imperio Romano de Oriente, del Imperio Otomano y de la República de Turquía. Es conocida por sus monumentos y lugares históricos, como la Mezquita Azul, la Iglesia de Santa Sofía, el Palacio de Topkapi, la Cisterna Basílica y el Gran Bazar.

Etna: El Etna es un volcán activo ubicado en la isla de Sicilia, Italia. Es uno de los volcanes más activos del mundo y uno de los más grandes de Europa. Su altura varía con cada erupción, pero generalmente se encuentra alrededor de los 3.300 metros sobre el nivel del mar. El Etna ha tenido una larga historia de actividad volcánica y ha entrado en erupción numerosas veces a lo largo de los siglos. Su paisaje lunar, con campos de lava negra y conos volcánicos, lo convierte en una atracción turística popular y en un lugar de interés científico para el estudio de la

vulcanología. Además, la agricultura en las laderas del Etna se beneficia de los suelos fértiles enriquecidos por la ceniza volcánica.

Éufrates: El río Éufrates es uno de los dos grandes ríos que fluyen a través de Mesopotamia, junto con el Tigris. Tiene una longitud aproximada de unos 2.800 kilómetros y es uno de los ríos más largos de Asia Occidental. Nace en las montañas de Anatolia Oriental, en Turquía, y fluye hacia el sureste a través de Turquía, Siria e Irak, antes de desembocar en el Golfo Pérsico. El Éufrates ha desempeñado un papel crucial en la historia antigua de la región, sirviendo como una fuente vital de agua para la agricultura y el desarrollo de las civilizaciones que se establecieron a lo largo de sus riberas, como la sumeria, la babilónica y la asiria. Hoy en día, el Éufrates sigue siendo una importante fuente de agua para la agricultura y el suministro de agua potable en la región. Sus aguas también se utilizan para la generación de energía hidroeléctrica, con varias represas construidas en su curso. El río Éufrates ha tenido una importancia fundamental en la historia y el desarrollo de Asia Occidental, y actualmente, sigue desempeñando un papel crucial en la vida y la geopolítica de la región.

Everest: El Everest, es la montaña más alta de la Tierra, con una altitud de 8.848 metros sobre el nivel del mar. Se encuentra en la cordillera del Himalaya, en la frontera entre Nepal y China (Tíbet). El Monte Everest fue nombrado en honor al topógrafo británico Sir George Everest, quien fue el primer encargado del levantamiento topográfico de la India durante el siglo XIX. En Nepal, la montaña es conocida como Sagarmatha, que en nepalí significa "La frente del cielo". El Everest es un famoso destino para alpinistas de todo el mundo, pero escalarlo es extremadamente desafiante y peligroso debido a las difíciles condiciones climáticas y a la altitud extrema. El primer ascenso exitoso al Everest fue realizado por Sir Edmund Hillary de Nueva Zelanda y Tenzing Norgay, sherpa de Nepal, el 29 de mayo de 1953. Hay varias rutas para escalar el Monte Everest, pero las dos más populares son la ruta del lado sur en Nepal y la ruta del lado norte en China. Para los pueblos locales en Nepal y Tibet, el Monte Everest tiene un significado espiritual profundo y es considerado sagrado. Muchos escaladores respetan las tradiciones locales y realizan rituales de puja antes de intentar la ascensión.

Fiji: Fiji es un país insular en el Pacífico Sur, compuesto por alrededor de 300 islas, de las cuales alrededor de 110 están habitadas. Está ubicada en el sur del Océano Pacífico, al norte de Nueva Zelanda y al este de Australia. Está formada por dos grandes islas volcánicas principales, Viti Levu y Vanua Levu, junto con un grupo de islas más pequeñas. Las islas de Fiyi son conocidas por su belleza natural, playas de arena blanca, arrecifes de coral y una exuberante vegetación tropical. La capital y ciudad más grande es Suva, ubicada en la isla de Viti Levu. La población de Fiyi es diversa, con una mezcla de etnias indígenas melanesias, así como indio-fiyianos, europeos, chinos y otras comunidades. Esto ha dado lugar a una rica diversidad cultural, con influencias de las tradiciones indígenas, el hinduismo, el islam, el cristianismo y otras religiones y culturas. Durante la época colonial, Fiyi experimentó un gran aumento en la inmigración de trabajadores indios, que llegaron para trabajar en las plantaciones de caña de azúcar. Fiyi obtuvo su independencia del Reino Unido en 1970. Fiyi es conocida por ser un destino turístico popular, especialmente por sus playas tropicales, actividades acuáticas como el buceo y el snorkel, y su hospitalidad cálida y acogedora.

Finlandia: Finlandia es un país nórdico situado en Europa del Norte. Se encuentra en la península escandinava, limitando al oeste con Suecia, al norte con Noruega, al este con Rusia y al sur con el golfo de Finlandia y el mar Báltico. Es conocido por sus paisajes naturales que incluyen vastos

bosques, lagos cristalinos, archipiélagos costeros y paisajes árticos. Aproximadamente el 70% del país está cubierto por bosques, lo que lo convierte en uno de los países más arbolados de Europa. También es el hogar de miles de lagos, incluido el famoso lago Saimaa. Helsinki es la capital y la ciudad más grande de Finlandia. La economía de Finlandia es altamente industrializada y orientada a la tecnología. Es conocida por empresas líderes en tecnología y por su experiencia en sectores como la electrónica, la ingeniería forestal, la metalurgia y la energía limpia. Finlandia atrae a visitantes de todo el mundo que buscan experimentar la naturaleza virgen, avistar la aurora boreal o disfrutar de actividades al aire libre como el esquí y el senderismo.

Flamenco: El flamenco es una especie de ave acuática conocida por su plumaje brillante y su elegante cuello largo. Son conocidos por sus elaboradas exhibiciones de cortejo. Suelen habitar en áreas de agua poco profundas, como lagunas saladas, lagos costeros, estuarios y manglares. Son más comunes en regiones cálidas y tropicales, aunque también se encuentran en áreas templadas. Su plumaje es de color rosa brillante debido a su dieta rica en carotenoides, que se encuentran en los crustáceos y algas de los que se alimentan. Son filtradores de alimentos, lo que significa que se alimentan filtrando agua y barro para capturar pequeños organismos como camarones, algas y larvas de insectos. Su pico curvado les ayuda a filtrar el agua y atrapar su comida. Son aves gregarias que suelen vivir en grandes colonias. Durante la temporada de reproducción, forman parejas monógamas y construyen nidos de barro en forma de montículos en los que ponen un solo huevo. Las colonias de flamencos pueden ser increíblemente ruidosas y activas durante la temporada de cría. Algunas poblaciones de flamencos son migratorias y viajan grandes distancias entre sus áreas de reproducción y alimentación. Algunas de las rutas migratorias de los flamencos son muy largas, y algunas poblaciones incluso cruzan continentes.

Francia: Ubicada en Europa Occidental, es conocida por su rica historia, cultura y paisajes diversos que van desde las soleadas playas del Mediterráneo hasta las majestuosas montañas de los Alpes. Es un importante centro cultural y artístico. Famosa por su capital, París, donde se encuentran la Torre Eiffel, el Louvre y la catedral de Notre-Dame, entre otros lugares emblemáticos. Otras ciudades importantes son Marsella, Lyon, Toulouse, Niza y Estrasburgo. Ha sido el hogar de varias culturas y civilizaciones, incluidos los celtas, los romanos, los francos y los galos. Durante la Edad Media, Francia se convirtió en un importante reino feudal y más tarde en una potencia colonial durante los siglos XVII y XVIII. Vivió la Revolución Francesa en 1789, que llevó al derrocamiento de la monarquía y el establecimiento de la Primera República Francesa. es conocida por su rica tradición cultural, que incluye la literatura, la filosofía, la música, la moda, el cine y la gastronomía. También conocida por sus vinos de renombre mundial de regiones como Burdeos y Borgoña. Es uno de los destinos turísticos más populares del mundo, conocido por sus paisajes, castillos históricos, pueblos pintorescos, viñedos, playas y estaciones de esquí. Lugares destacados incluyen el Palacio de Versalles, la Costa Azul, los castillos del valle del Loira, la región de Borgoña, los Alpes franceses y la Riviera Francesa.

Fuego: El fuego es un fenómeno natural que resulta de la rápida oxidación de un material combustible en presencia de oxígeno y calor. El fuego se produce cuando un material combustible alcanza su punto de ignición, la temperatura a la que comienza a arder. Una vez que se inicia la combustión, el calor generado por el fuego ayuda a mantener el proceso de oxidación, liberando energía en forma de luz y calor. Tradicionalmente, se han identificado tres elementos necesarios para que se produzca el fuego: combustible, oxígeno y calor. Esta relación se conoce como el "triángulo del fuego". Sin uno de estos elementos, el fuego no puede sostenerse. Es

esencial para la vida humana y ha sido una herramienta fundamental en la historia de la humanidad. Ha sido utilizado para cocinar alimentos, proporcionar calor, iluminación y protección contra depredadores. Su control y manejo adecuados son fundamentales para garantizar su uso seguro.

Fuji/Fujiyama: El monte Fuji, también conocido como Fujiyama o Fujisan en japonés, es un icónico volcán de Japón y uno de los símbolos más reconocidos del país. Con una altura de 3.776 metros, es la montaña más alta de Japón y una de las montañas más famosas del mundo. Está situado en la isla de Honshu, cerca de Tokio. El Monte Fuji es un símbolo nacional de Japón y ha sido venerado durante siglos en la cultura japonesa. Es considerado sagrado en el shintoísmo y el budismo, y ha sido objeto de peregrinaciones y rituales religiosos. Además, el Monte Fuji ha inspirado a artistas, poetas y escritores a lo largo de los siglos y es un tema recurrente en el arte japonés. Es un estratovolcán activo que se formó a partir de erupciones volcánicas hace aproximadamente 100.000 años. Aunque todavía se considera activo, el Monte Fuji no ha tenido una erupción significativa desde 1707. Su forma cónica distintiva y su belleza escénica lo convierten en uno de los destinos más fotografiados de Japón.

Galápagos: Las Islas Galápagos son un archipiélago volcánico ubicado en el océano Pacífico, aproximadamente a 1.000 kilómetros al oeste de la costa de Ecuador, país al que pertenecen. conocido por su biodiversidad única. El archipiélago comprende 19 islas principales y numerosos islotes más pequeños, cada uno con su propio ecosistema y especies únicas. Albergan una sorprendente variedad de vida silvestre, incluyendo tortugas gigantes, iguanas marinas, leones marinos, pingüinos de Galápagos, albatros y una gran cantidad de aves endémicas. El ecosistema marino también es rico en especies, con arrecifes de coral, tiburones, rayas, tortugas marinas y más. Fue un lugar crucial para las observaciones de Charles Darwin, que exploró las islas en 1835, ayudándole a desarrollar la teoría de la evolución. Son un tesoro natural único en el mundo, con una biodiversidad excepcional y una importancia histórica y científica significativa. Su belleza y singularidad continúan cautivando a los visitantes de todo el mundo.

Ganges: El río Ganges es uno de los ríos más importantes y sagrados del subcontinente indio. Se extiende por más de 2.500 kilómetros, desde el Himalaya en el norte de la India hasta su desembocadura en el golfo de Bengala, en el océano Índico. El Ganges desempeña un papel crucial en la vida cultural, religiosa y económica de la India, siendo considerado sagrado por millones de hindúes. Es adorado como la diosa Ganga en la mitología hindú, y se cree que bañarse en sus aguas puede purificar los pecados y conducir a la salvación espiritual. Millones de personas viajan cada año para realizar abluciones ceremoniales y rituales religiosos en el río. El Ganges es vital para la economía de la India, ya que proporciona agua para el riego de cultivos, apoya la pesca y el transporte fluvial, y es una fuente importante de energía hidroeléctrica. Alberga una rica diversidad de vida acuática, incluidos peces, tortugas, delfines de agua dulce y una variedad de aves acuáticas.

Géminis: Géminis es una constelación del zodíaco situada en el hemisferio celestial norte, entre las constelaciones de Tauro al oeste y Cáncer al este. Su nombre proviene del latín y significa "gemelos", en referencia a los dos gemelos mitológicos, Cástor y Pólux, asociados con la constelación en la mitología griega y romana. Géminis es una de las constelaciones más reconocibles. Las dos estrellas más brillantes en la constelación de Géminis son Cástor y Pólux. Cástor es una estrella binaria, lo que significa que está compuesta por dos estrellas que orbitan

entre sí. Pólux, por otro lado, es una estrella gigante naranja. Géminis es visible desde ambos hemisferios terrestres durante diferentes épocas del año.

Girasol: El girasol es una planta conocida por su característica flor amarilla y su capacidad para seguir la trayectoria del sol durante el día (heliotropismo). Pertenece a la familia de las Asteráceas. Es valorado tanto por sus flores como por sus semillas, que son comestibles y ricas en nutrientes. Las semillas de girasol son una importante fuente de ácidos grasos saludables, proteínas, vitaminas y minerales. Se consumen crudas, tostadas o como ingrediente en una variedad de alimentos y productos, como aceites, mantequillas y barras de cereales. Se adapta bien a una amplia gama de climas y suelos, aunque prefiere climas cálidos y soleados.

Gobi: El desierto de Gobi, situado en Asia Central, abarca principalmente partes de Mongolia y China aunque también se adentra en ciertas partes de Rusia. Es uno de los desiertos más grandes del mundo, conocido por su paisaje árido y vasto, que incluye dunas de arena, montañas y llanuras rocosas. También alberga algunos oasis, donde la vida vegetal y animal puede prosperar gracias a la presencia de agua subterránea. A pesar de su apariencia desolada, el desierto de Gobi alberga una variedad de vida silvestre adaptada a las duras condiciones, como el camello bactriano, el gato de Pallas, la gacela, el caballo salvaje, el búho y el lagarto. Además, es conocido por sus descubrimientos arqueológicos, que incluyen fósiles de dinosaurios (Velociraptor, Protoceratops y Oviraptor), tumbas y sepulturas de diferentes períodos de la historia, petroglifos y grabados rupestres, ruinas de antiguas ciudades y fortalezas que datan de diferentes épocas de la historia, como son restos de murallas, edificios residenciales, templos y estructuras defensivas que arrojan luz sobre la organización social y política de las civilizaciones que habitaban la región.

GPS: El Sistema de Posicionamiento Global (GPS) es un sistema de navegación por satélite que permite determinar la ubicación precisa en la Tierra. Es ampliamente utilizado en dispositivos de navegación y teléfonos móviles. El GPS consta de una constelación de al menos 24 satélites en órbita alrededor de la Tierra. Estos satélites emiten señales de radio que son recibidas por receptores GPS en la superficie terrestre. Al recibir señales de al menos cuatro satélites, un receptor GPS puede determinar su posición exacta mediante un proceso llamado trilateración. Los receptores GPS modernos pueden proporcionar coordenadas de posición con una precisión de unos pocos metros o incluso centímetros, dependiendo de las condiciones atmosféricas y el tipo de receptor utilizado. En el ámbito civil, el GPS se utiliza para navegación terrestre, marítima y aérea, así como en aplicaciones de geolocalización, como el seguimiento de vehículos, la cartografía, la agricultura de precisión y la recreación al aire libre. El desarrollo del GPS comenzó en la década de 1970 por parte del Departamento de Defensa de los Estados Unidos con fines militares. El sistema se abrió gradualmente para uso civil en la década de 1980 y desde entonces ha experimentado varias mejoras y actualizaciones. Además del GPS, existen otros sistemas de navegación por satélite en todo el mundo, como el GLONASS de Rusia, el Galileo de la Unión Europea y el BeiDou de China.

Granate: El granate es una piedra preciosa que se encuentra en una amplia gama de colores, que van desde el rojo intenso hasta el verde, el amarillo, el naranja, el marrón, el rosa y el morado. Las variedades más conocidas incluyen el granate piropo (rojo intenso), el granate almandino (rojo oscuro), granate espesartita (naranja) y el granate tsavorita (verde). El granate se encuentra en muchas partes del mundo, incluyendo África, Asia, Europa, América del Norte y América del Sur. Se utiliza principalmente en joyería, donde se corta y se pule en diversas formas y tamaños para su uso en anillos, collares, pendientes y otras piezas de joyería.

Granizo: El granizo es una forma de precipitación en la que las gotas de agua se congelan antes de caer al suelo. Se forma en nubes de tormenta, especialmente en aquellas con una fuerte convección vertical y corrientes ascendentes poderosas. Las gotas de agua en la nube se elevan a altitudes donde la temperatura es lo suficientemente fría para congelarse, formando pequeños cristales de hielo. Una vez que los cristales de hielo se forman, pueden crecer a medida que chocan con otras gotas de agua líquida en la nube. Estas gotas congeladas pueden acumular capas de hielo alrededor de ellas, aumentando su tamaño hasta que son lo suficientemente pesadas como para caer hacia la Tierra. Pueden alcanzar tamaños importantes y por lo tanto, causar daños significativos.

Groenlandia: Groenlandia es la isla más grande del mundo y está ubicada en la región ártica, al noreste de América del Norte. A pesar de su nombre, gran parte de Groenlandia está cubierta por una capa de hielo, lo que le otorga un paisaje mayormente glacial. Es una región remota y escasamente poblada, con una población principalmente inuit. Solo una pequeña parte de la costa sur de la isla es habitable. Ahí es donde vive la mayoría de la población, en asentamientos como Nuuk, la capital, y Ilulissat. Tiene un clima ártico, con inviernos extremadamente fríos y veranos cortos y frescos. El interior de la isla es uno de los lugares más fríos del planeta, con temperaturas que pueden caer por debajo de los -50 °C. Groenlandia es conocida por su impresionante belleza natural, que incluye fiordos, icebergs y vastas extensiones de hielo. Además, la vida silvestre como osos polares, renos y ballenas también habita en sus aguas y costas. Groenlandia es un territorio autónomo dentro del Reino de Dinamarca. Tiene su propio gobierno y parlamento, responsable de los asuntos internos de la isla, aunque Dinamarca sigue siendo responsable de la defensa y la política exterior de Groenlandia. La economía de Groenlandia depende en gran medida de la pesca, la caza y la minería, con la extracción de recursos naturales como el oro, el zinc y el plomo.

Guadalquivir: Tiene una longitud de aproximadamente 657 kilómetros y su cuenca hidrográfica abarca una gran parte del sur de España, incluyendo las comunidades autónomas de Andalucía, Extremadura y Castilla-La Mancha. El río nace en la Sierra de Cazorla, en la comunidad autónoma de Andalucía, y fluye hacia el suroeste a través de las provincias de Jaén, Córdoba, Sevilla y Huelva, antes de desembocar en el océano Atlántico cerca de la ciudad de Sanlúcar de Barrameda, en la provincia de Cádiz. El Guadalquivir ha sido históricamente un importante corredor de transporte y comercio, y ha desempeñado un papel crucial en el desarrollo económico y cultural de la región. Además, es conocido por su belleza paisajística y por los numerosos ecosistemas que sustenta a lo largo de su curso.

Hawái: Hawái es un archipiélago estadounidense ubicado en el océano Pacífico central, compuesto por ocho islas principales y numerosos islotes más pequeños. Es conocido por su impresionante belleza natural, que incluye playas de arena blanca, selvas tropicales, volcanes activos y espectaculares paisajes montañosos. Hawái es un destino turístico popular, especialmente para aquellos que buscan actividades al aire libre como el surf, el buceo, el senderismo y la observación de ballenas. Además de su belleza natural, Hawái tiene una rica cultura e historia, que incluye la influencia de la cultura polinesia y una mezcla única de tradiciones hawaianas, asiáticas, europeas y estadounidenses. La capital del estado es Honolulu, ubicada en la isla de Oahu.

Hekla: Hekla es un volcán activo en Islandia ubicado en el sur del país, aproximadamente a unos 110 kilómetros al sureste de la capital, Reikiavik. Es un estratovolcán, lo que significa que está compuesto de capas alternas de lava y materiales piroclásticos, como ceniza, piedra pómez y escoria. Tiene una forma cónica distintiva y su cumbre alcanza una altitud de 1.491 metros sobre el nivel del mar. En la mitología nórdica es conocido como el "Portal del Infierno". Ha tenido numerosas erupciones a lo largo de la historia.

Hematita: La hematita es un mineral de hierro que a menudo se presenta en forma de cristales plateados o negros. La hematita es también magnética y puede ser atraída por un imán debido a su contenido de hierro. Se encuentra comúnmente en asociación con otros minerales de hierro, así como con cuarzo, calcita y otros minerales. Algunos de los principales yacimientos de hematita se encuentran en Brasil, Australia, China, Rusia y Estados Unidos. Se utiliza en la fabricación de joyas y como pigmento en la industria.

Hierro: El hierro es un elemento químico metálico que tiene el símbolo Fe y el número atómico 26. Es uno de los metales más abundantes en la Tierra y es fundamental en numerosas aplicaciones industriales y tecnológicas. Es conocido por ser resistente y maleable, lo que lo hace útil en la fabricación de una amplia gama de productos, desde herramientas y maquinaria hasta estructuras de edificios y vehículos. El hierro también desempeña un papel crucial en el cuerpo humano, ya que es un componente esencial de la hemoglobina, una proteína que transporta oxígeno en la sangre. Una deficiencia de hierro puede provocar anemia y otros problemas de salud. En la historia, el hierro ha sido utilizado desde tiempos antiguos en la fabricación de armas, herramientas y utensilios. Su extracción y procesamiento han sido fundamentales en el desarrollo de la industria y la tecnología a lo largo de los siglos.

Himalaya El Himalaya es una vasta cordillera ubicada en Asia, que abarca cinco países: Bután, China, India, Nepal y Pakistán. La formación del Himalaya se atribuye a la colisión entre la placa tectónica india y la placa euroasiática, un proceso que comenzó hace unos 50 millones de años y que continúa en la actualidad, elevando gradualmente estas imponentes montañas. Es el sistema montañoso más alto del mundo y cuenta con numerosos picos que superan los 8.000 metros de altitud, incluido el Monte Everest, la montaña más alta de la Tierra, con una altura de 8.848 metros sobre el nivel del mar. La cordillera es el hogar de una rica diversidad biológica, con una amplia variedad de flora y fauna adaptadas a los extremos ambientales de las altas altitudes. El Himalaya también tiene una gran importancia cultural y espiritual, albergando numerosos sitios sagrados y monasterios de las principales religiones del mundo, incluido el hinduismo y el budismo. Además, atrae a miles de excursionistas y escaladores cada año, deseosos de desafiar las alturas y admirar su impresionante belleza natural.

Himalayas: Himalayas es la denominación plural de la cadena montañosa del Himalaya(Ver "Himalaya").

Hipopótamo: El hipopótamo es un mamífero herbívoro semiacuático nativo de África. A pesar de su apariencia apacible, es uno de los animales más peligrosos del continente debido a su agresividad territorial. Los hipopótamos pasan gran parte de su tiempo en el agua, donde se mantienen frescos y protegen su piel sensible. Habitan en áreas cercanas al agua, como ríos, lagos, lagunas y pantanos, donde pueden sumergirse para mantenerse frescos y protegerse del sol. Se encuentran en diversas partes de África subsahariana, desde el sur del Sahara hasta el sur del continente, donde el agua es abundante. La gestación de las hembras de hipopótamo dura alrededor de 8 meses, tras los cuales dan a luz a una sola cría.

Hortensia: La hortensia, conocida científicamente como Hydrangea, es una planta ornamental apreciada por sus vistosas y densas inflorescencias, que pueden variar en color según la acidez del suelo. Las flores pueden ser blancas, rosadas, azules, moradas o incluso verdes. Las hojas son de color verde oscuro y pueden tener una forma ovalada o dentada, dependiendo de la especie. Las hortensias son populares como plantas de jardín, tanto en macetas como en parterres. También se utilizan como flores cortadas en arreglos florales y ramos de novia debido a su belleza y durabilidad.

Ibiza: Ibiza se encuentra en el mar Mediterráneo, al este de la península ibérica. Junto con las islas de Mallorca, Menorca y Formentera, forma parte del archipiélago de las Islas Baleares, España. El centro histórico de Ibiza, conocido como Dalt Vila, es Patrimonio de la Humanidad. Esta zona está rodeada por murallas medievales y alberga una impresionante arquitectura histórica, incluyendo una catedral, fortalezas y calles adoquinadas. Ibiza cuenta con una gran variedad de playas y calas, desde las populares como Playa d'en Bossa y Ses Salines, hasta las más tranquilas y remotas como Cala d'Hort y Cala Comte. Muchas de estas playas son famosas por su belleza natural y aguas cristalinas, lo que las convierte en destinos turísticos populares. También es conocida por su vibrante vida nocturna que atrae a turistas de todo el mundo.

India: India es un país del sur de Asia, conocido por su rica historia, diversidad cultural y gastronomía única. Es la séptima nación más extensa del mundo y la segunda más poblada. La India tiene una historia milenaria que abarca civilizaciones antiguas, grandes imperios y una influencia cultural duradera. Ha sido el hogar de diversas religiones y filosofías, incluido el hinduismo y el budismo, entre otros. También es conocida por su rica tradición artística, que incluye la arquitectura de templos, la danza clásica india, la música y la artesanía.

Índico: El Océano Índico es el tercer océano más grande del mundo y rodea gran parte del subcontinente indio, cubriendo aproximadamente el 20% del área total de la superficie oceánica de la Tierra. La topografía submarina del océano Índico es diversa y compleja, con una serie de características geológicas, como dorsales oceánicas, fosas submarinas, mesetas submarinas, archipiélagos volcánicos, atolones de coral y grandes llanuras abisales. La dorsal mesoatlántica, una de las más largas del mundo, atraviesa el centro del océano Índico. El océano Índico es una importante fuente de recursos naturales y soporta una variedad de actividades económicas, incluyendo la pesca comercial, el transporte marítimo, el turismo costero, la extracción de petróleo y gas, la minería de minerales submarinos y la acuicultura. También es conocido por sus aguas cálidas y cristalinas, así como por albergar una rica biodiversidad marina.

Irlandés: El Mar Irlandés se encuentra en el Atlántico Norte, entre la isla de Irlanda al oeste y Gran Bretaña al este. Se extiende desde la costa suroeste de Escocia hasta la costa norte de Irlanda. El clima del Mar Irlandés es influenciado por su ubicación en el Atlántico Norte. Experimenta un clima oceánico templado, caracterizado por veranos suaves e inviernos moderados, con abundante precipitación durante todo el año. Es importante para la pesca comercial, con una variedad de especies marinas que habitan sus aguas, incluyendo bacalao, arenque, merluza y langosta. También es una ruta importante para el transporte marítimo, con numerosos puertos y rutas de ferry que conectan a Irlanda y Gran Bretaña. Alberga una amplia variedad de vida marina, incluyendo mamíferos marinos como delfines, marsopas y focas, así como aves marinas como gaviotas, alcatraces y fulmares. Sus aguas también son el hogar de una variedad de peces, crustáceos, moluscos y otros organismos marinos.

Islandia: Islandia es una isla ubicada en el océano Atlántico norte, conocida por su impresionante paisaje volcánico y una geología de una impresionante belleza natural, que incluye volcanes activos, glaciares, géiseres, cascadas y aguas termales. También es hogar de la mayor parte de la meseta volcánica más grande de Europa, conocida como la meseta de Islandia. La capital y ciudad más grande de Islandia es Reikiavik, situada en la costa suroeste del país. La cultura islandesa está fuertemente influenciada por sus raíces vikingas y su aislamiento geográfico. La literatura, la música y el arte son importantes en la sociedad islandesa. El país es conocido por su rica tradición de sagas vikingas. La economía de Islandia se basa en gran medida en la pesca, la industria de servicios, el turismo y la energía geotérmica. El turismo ha crecido rápidamente en Islandia en los últimos años, atrayendo a visitantes de todo el mundo por sus impresionantes paisajes y experiencias únicas, como baños en aguas termales, avistamiento de ballenas, excursiones en glaciares y auroras boreales.

Islas Malvinas: Las Islas Malvinas, también conocidas como las Falkland Islands en inglés, son un archipiélago situado en el océano Atlántico Sur, al este de la costa de Argentina. Constan de unas 200 islas, isletas y rocas, siendo las dos principales islas Soledad y Gran Malvina. Están situadas a unos 480 kilómetros al este de la costa de Argentina y a unos 1.200 kilómetros al norte de la Antártida. Las Islas Malvinas son conocidas por su rica vida silvestre, que incluye una variedad de aves marinas, como pingüinos, albatros y cormoranes. También hay una población de lobos marinos y elefantes marinos en las costas de las islas. Las Islas Malvinas son un territorio británico de ultramar en el Atlántico Sur, objeto de una disputa territorial entre Argentina y el Reino Unido. La guerra de las Malvinas en 1982 dejó una marca en la historia de la región.

Italia: Italia es un país ubicado en el sur de Europa, conocido por su rica historia, cultura vibrante y paisajes pintorescos. Limita al norte con Suiza, Austria, Eslovenia y Francia, y está rodeada por el mar Mediterráneo en la mayor parte de su perímetro. Italia es reconocida mundialmente por su influyente legado cultural, que incluye importantes contribuciones en arte, arquitectura, literatura, música y gastronomía. Es el hogar de innumerables monumentos, como el Coliseo en Roma, el Duomo en Florencia y el paisaje de los Cinque Terre en la costa de Liguria. Además, Italia es famosa por ser la cuna del Renacimiento, un período de gran florecimiento artístico y cultural que tuvo lugar en Europa entre los siglos XIV y XVI. Artistas italianos como Leonardo da Vinci, Miguel Ángel y Rafael dejaron un legado perdurable en el mundo del arte.

Jade: El jade es una piedra ornamental compuesta principalmente de dos minerales distintos: jadeíta y nefrita. Estos minerales tienen una estructura cristalina densa que les confiere su dureza y resistencia. El jade puede tener una variedad de colores, que van desde el verde claro hasta el

blanco, el negro, el amarillo y el púrpura. Se encuentra en varias partes del mundo, incluyendo China, Myanmar, Rusia, Guatemala, Canadá y Nueva Zelanda. Algunas de las minas de jade más famosas están en Myanmar (anteriormente conocida como Birmania) y en China. Hoy en día, el jade sigue siendo muy apreciado en la joyería y la decoración. Se utiliza para hacer una variedad de artículos, como collares, pulseras, pendientes, anillos, estatuillas y tallas. El jade de alta calidad sigue siendo una inversión valiosa y es muy buscado por coleccionistas y amantes de las piedras preciosas.

Japón: Japón es un país insular ubicado en el este de Asia, compuesto por un archipiélago de islas que se extiende a lo largo de la costa este de Asia. Es conocido por su rica historia y cultura, su tecnología avanzada, su gastronomía única y su paisaje variado que va desde montañas cubiertas de nieve hasta playas tropicales. Tokio, su capital, es una de las ciudades más grandes y pobladas del mundo y es un centro global de finanzas, tecnología y cultura.

Java: Java es una isla en Indonesia. Se encuentra en el sureste asiático, entre las islas de Sumatra al oeste y Bali al este. Está ubicada entre el océano Índico al sur y el mar de Java al norte. Java es la isla más poblada de Indonesia y una de las más densamente pobladas del mundo. La capital de Indonesia es Yakarta, y alberga una diversidad de paisajes que van desde playas tropicales hasta montañas volcánicas. Java tiene una rica herencia cultural que se refleja en su arte, arquitectura, música, danza y cocina. La isla ha sido el centro de varios reinos y sultanatos a lo largo de la historia, incluidos el Reino de Mataram y el Sultanato de Yogyakarta. La influencia del hinduismo, budismo e islamismo se puede ver en la arquitectura y la vida cotidiana de la isla. Es el hogar de importantes industrias, incluidas la manufactura, la agricultura, el turismo y los servicios financieros. Java tiene una geografía diversa que incluye montañas, llanuras fértiles, selvas tropicales y playas de arena. El monte Bromo y el monte Semeru son dos de los volcanes más conocidos de la isla.

Jirafa: La jirafa es el mamífero terrestre más alto y está nativa de África. Es el animal terrestre más alto del mundo, con los machos adultos alcanzando alturas de hasta 5,5 metros y pesando alrededor de 1.200 a 1.400 kilogramos. Su largo cuello le permite alcanzar hojas en las copas de los árboles, y sus manchas en la piel son únicas para cada individuo. Las jirafas habitan en las sabanas, praderas y áreas arboladas del África subsahariana. Se pueden encontrar en países como Kenia, Tanzania, Sudáfrica, Namibia y Botswana. Prefieren áreas con árboles dispersos que les proporcionen alimento y refugio. Tienen una lengua prensil y áspera que les permite arrancar las hojas de los árboles espinosos sin lastimarse. Pasan la mayor parte del día alimentándose, consumiendo grandes cantidades de follaje para satisfacer sus necesidades nutricionales.

Johannesburgo: Johannesburgo es la ciudad más grande de Sudáfrica y una de las principales ciudades financieras de África. Se encuentra en la provincia de Gauteng, en la parte noreste de Sudáfrica. Es el centro económico y comercial del país y se encuentra a unos 50 kilómetros al sur del río Limpopo. La ciudad fue fundada en 1886 tras el descubrimiento de oro en la región, lo que atrajo a miles de buscadores de oro y convirtió a Johannesburgo en un importante centro minero. Es una ciudad increíblemente diversa, con una población multicultural y multilingüe. La ciudad es hogar de personas de diversos orígenes étnicos, religiosos y culturales, lo que se refleja en su vibrante escena cultural, gastronómica y artística.

Jónico: El Mar Jónico es una parte del mar Mediterráneo ubicada entre Italia y Grecia. Está salpicado de numerosas islas e islotes, siendo las más grandes Corfú, Cefalonia, Zante y Lefkada.

Estas islas son conocidas por su belleza natural, playas impresionantes y rica historia y cultura. El clima en el Mar Jónico es típicamente mediterráneo, con veranos calurosos y secos e inviernos suaves y húmedos. Es conocido por sus aguas cristalinas y sus numerosas islas, incluida Corfú. está salpicado de numerosas islas e islotes, siendo las más grandes Corfú, Cefalonia, Zante y Lefkada. Estas islas son conocidas por su belleza natural, playas impresionantes y rica historia y cultura.

Kalahari: El Desierto de Kalahari es un vasto desierto que se extiende por partes de Botswana, Namibia y Sudáfrica. Es uno de los desiertos más grandes de África y cubre una superficie de aproximadamente 900.000 kilómetros cuadrados. A pesar de ser conocido como un desierto, el Kalahari no es un desierto en el sentido tradicional, ya que recibe una cantidad significativa de precipitación en comparación con otros desiertos. La vegetación del Kalahari incluye matorrales, pastizales y árboles dispersos, adaptados para sobrevivir en un clima semiárido. Alberga una gran variedad de vida silvestre adaptada a las duras condiciones del desierto. Entre los animales que habitan en el Kalahari se encuentran el león, el leopardo, el guepardo, el elefante, el rinoceronte, la jirafa, el ñu, la cebra, el springbok y una variedad de aves y reptiles. También es el hogar de varias comunidades indígenas, como los san (bosquimanos) y los khoi, que han vivido en la región durante miles de años.

Karakum: El Desierto de Karakum es uno de los desiertos más grandes de Asia Central, abarcando partes de Turkmenistán abarcando aproximadamente el 70% del país. Su nombre significa "arena negra" en turcomano. Se caracteriza por sus vastas extensiones de arena y dunas, así como por su relieve plano y ondulado. A pesar de ser un desierto, algunas áreas del Karakum están salpicadas de oasis y cursos de agua temporales. Alberga una variedad de vida silvestre adaptada a su entorno. Entre los animales que habitan en el desierto se encuentran reptiles como lagartos y serpientes, mamíferos como zorros y liebres, y una variedad de aves migratorias. El desierto Karakum es rico en recursos naturales, incluyendo petróleo, gas natural y minerales como el oro, el cobre y el uranio. La explotación de estos recursos es una parte importante de la economía de Turkmenistán y ha contribuido al desarrollo del país.

Kilimanjaro: El Kilimanjaro es una montaña ubicada en Tanzania, en el este de África, cerca de la frontera con Kenia. Es el pico más alto del continente africano y una de las Siete Cumbres. A pesar de su gran altitud, el Kilimanjaro es una montaña accesible para excursionistas y alpinistas, ya que no requiere de habilidades técnicas de escalada. También es uno de los volcanes inactivos más altos del mundo, con una altura de aproximadamente 5.895 metros sobre el nivel del mar y compuesto por tres conos distintos: Kibo, Mawenzi y Shira. A medida que se asciende por el Kilimanjaro, se atraviesan varias zonas de vegetación y ecosistemas, desde bosques tropicales hasta paisajes alpinos. El Kilimanjaro es el hogar de una gran variedad de especies de plantas y animales, incluyendo elefantes de la selva, monos colobos, cebras de montaña y una variedad de aves.

Kiluea: El Kilauea es un volcán activo en la isla de Hawái. Es conocido por su actividad eruptiva continua y por ser uno de los volcanes más activos del mundo. Ha experimentado muchas erupciones a lo largo de su historia, algunas de las cuales han sido bastante destructivas. Sin embargo, también ha sido una fuente importante de creación de tierra nueva en la isla de Hawái, ya que las erupciones han generado flujos de lava que han expandido la superficie de la isla. La lava del Kilauea es relativamente fluida y puede viajar grandes distancias, a menudo fluyendo hacia el océano, donde crea nuevos terrenos costeros.

Koala: El koala es un marsupial arborícola nativo de Australia. Es conocido por su apariencia adorable y su comportamiento tranquilo y relajado. Los koalas tienen un pelaje grueso, generalmente de color gris o marrón. Pasan la mayor parte de su tiempo en los árboles, alimentándose principalmente de hojas de eucalipto. Los eucaliptos son esenciales para la dieta de los koalas, ya que constituyen prácticamente toda su alimentación. Pasan varias horas al día alimentándose y el resto del tiempo descansando en las copas de los árboles. Son animales solitarios y territoriales.

Krakatoa: El Krakatoa es un volcán ubicado en el estrecho de Sonda, entre las islas de Java y Sumatra, en Indonesia. Es famoso por su explosión en 1883, que es considerada una de las erupciones volcánicas más destructivas de la historia registrada. La erupción tuvo efectos devastadores en la región circundante y se sintió en todo el mundo. La erupción del Krakatoa destruyó gran parte de la isla volcánica y provocó un tsunami que arrasó las costas cercanas de Java y Sumatra.

Lava: La lava es magma fundido que emerge de un volcán durante una erupción. La lava está compuesta principalmente por roca fundida, que se forma en el interior de la Tierra debido a la fusión parcial de rocas sólidas en el manto terrestre. La composición química de la lava puede variar dependiendo del tipo de volcán y de las rocas que se estén fundiendo, pero generalmente contiene minerales como sílice, aluminio, hierro, calcio, magnesio y sodio. La temperatura de la lava puede ser extremadamente alta, alcanzando valores de hasta 1.200 a 1.400 grados Celsius. Cuando se enfría, forma roca volcánica, y su flujo puede tener impactos significativos en el paisaje.

Leo: La constelación de Leo es una de las constelaciones más reconocibles en el cielo nocturno y se encuentra en el hemisferio norte. Representa a un león y es una de las constelaciones del zodíaco. Algunos de los objetos celestes más destacados en la constelación de Leo incluyen la estrella Regulus, una estrella brillante y una de las más cercanas al sistema solar, y el cúmulo estelar conocido como El Joyero, que contiene al menos 100 estrellas. La constelación de Leo es visible durante gran parte del año, pero alcanza su punto máximo en el cielo en primavera en el hemisferio norte. En la mitología griega, la constelación de Leo representa al león Nemeo, una bestia mítica que fue derrotada por el héroe Heracles (Hércules). Como parte de sus doce trabajos, Heracles tuvo que matar al león y luego lo colocó en el cielo como una constelación.

León: El León (Panthera leo) es uno de los grandes felinos. Los leones machos son fácilmente reconocibles por su melena, que varía en tamaño, color y densidad según la edad y la genética. Tienen un cuerpo musculoso, patas poderosas y garras retráctiles. Las hembras son más pequeñas y carecen de melena. Los leones son animales sociales que viven en grupos llamados manadas, liderados por un macho dominante. Los machos son responsables de proteger el territorio y las hembras cazan en grupo para alimentar a la manada. Los leones son carnívoros y se alimentan principalmente de grandes mamíferos como ñus, cebras, búfalos y antílopes. Aunque las hembras son las principales cazadoras, los machos a menudo se unen a la caza para defender el territorio y garantizar el éxito de la captura. Los leones son nativos de África y algunas partes de Asia. En la actualidad, se encuentran principalmente en África subsahariana, aunque también hay una pequeña población remanente en el bosque de Gir en la India. Viven en una variedad de hábitats, que incluyen sabanas, praderas, matorrales y bosques abiertos.

Libra: Libra es una constelación del hemisferio sur y se encuentra entre las constelaciones de Virgo al oeste y Escorpio al este. Es visible en las latitudes del hemisferio norte durante los meses de primavera y principios de verano, y en las latitudes del hemisferio sur durante los meses de otoño e invierno. Las estrellas más brillantes de Libra forman un asterismo que se asemeja a una balanza. Algunas de las estrellas más prominentes en la constelación de Libra son "α Librae", una estrella binaria de color blanco-azulado, popular entre los astrónomos aficionados y "β Librae", otra estrella binaria, cuyas dos componentes pueden ser vistas a simple vista. En la mitología griega, la constelación de Libra representa las pinzas de un escorpión y, en ocasiones, se la asocia con la balanza que llevaba la diosa Justicia, Themis. En la mitología romana, se la asocia con la balanza de la diosa Iustitia (Justicia), que simboliza el equilibrio y la imparcialidad.

Lima: Lima es la capital y la ciudad más grande de Perú. Se encuentra ubicada en la costa central del país, a orillas del océano Pacífico. Fue fundada por el conquistador español Francisco Pizarro el 18 de enero de 1535, con el nombre de "Ciudad de los Reyes". Fue la capital del Virreinato del Perú durante la época colonial española y ha sido un importante centro político, económico y cultural del país desde entonces. Lima es conocida por su rica herencia cultural, que se refleja en su arquitectura colonial, sus iglesias históricas y sus museos de renombre. El centro histórico de Lima, ha sido declarado Patrimonio de la Humanidad debido a su riqueza arquitectónica y cultural. Lima es una ciudad cosmopolita con una rica historia y una mezcla única de culturas indígenas, europeas, africanas y asiáticas. También es conocida por sus museos de clase mundial y su deliciosa gastronomía. Es considerada como la capital gastronómica de América Latina y famosa por su variada y deliciosa cocina. La ciudad alberga una gran cantidad de restaurantes de clase mundial, desde puestos de comida callejera hasta elegantes restaurantes de alta cocina, donde se pueden degustar platos típicos como el ceviche, el lomo saltado y el ají de gallina. Además, es un importante centro económico, político y cultural de Perú.

Lirio: El lirio es una planta herbácea perenne que pertenece al género Lilium. Es conocida por sus vistosas flores en forma de trompeta que crecen en tallos altos y delgados y por su variedad de colores. El lirio es apreciado en la jardinería ornamental por su belleza y fragancia. Además de su valor estético, el lirio también tiene un significado simbólico en diversas culturas, a menudo asociado con la pureza, la inocencia y la renovación.

Lobo: El lobo es un mamífero carnívoro perteneciente a la familia Canidae y al género Canis, que incluye varias especies diferentes de lobos. Los lobos se encuentran en una variedad de hábitats, que incluyen bosques, tundras, estepas y praderas. Históricamente, su distribución se ha extendido por gran parte de América del Norte, Europa, Asia y partes de África. son animales carnívoros y se alimentan principalmente de presas como ciervos, alces, bisontes, conejos, roedores y otros mamíferos pequeños. También pueden consumir carroña cuando está disponible. Los lobos cazan en manadas cooperativas y son depredadores eficientes, capaces de derribar presas mucho más grandes que ellos mismos. Son animales sociales y viven en manadas jerárquicas lideradas por una pareja alfa, que es generalmente la pareja reproductora dominante. Las manadas están formadas por individuos relacionados genéticamente y suelen incluir cachorros de diferentes camadas. La cooperación dentro de la manada es esencial para la caza, la crianza de los cachorros y la defensa del territorio.

Loira: El río Loira es uno de los principales ríos de Francia, conocido por sus hermosos castillos a lo largo de su curso. Se encuentra en el centro y oeste de Francia, fluyendo desde el sureste hasta el oeste a través de varias regiones. Con una longitud de aproximadamente 1.012 kilómetros, el

río Loira es el río más largo de Francia. El valle del Loira, también conocido como el "Jardín de Francia", es famoso por sus paisajes pintorescos, viñedos y pueblos medievales. El río también es importante para la navegación, la pesca y la agricultura, proporcionando agua para riego y actividades industriales. A lo largo de sus orillas se encuentran numerosos castillos, fortalezas y ciudades históricas que han sido testigos de eventos importantes a lo largo de los siglos. El río ha sido una fuente de inspiración para artistas, escritores y poetas, y su belleza natural sigue siendo una fuente de orgullo nacional.

Londres: Londres es la capital del Reino Unido y una de las ciudades más importantes del mundo. Londres tiene una historia que se remonta a más de dos milenios. Fundada por los romanos en el año 43 d.C. con el nombre de Londinium, la ciudad creció hasta convertirse en una importante capital del Imperio Romano. A lo largo de los siglos, Londres ha sido testigo de numerosos eventos históricos, desde la coronación de monarcas hasta la Revolución Industrial y los bombardeos durante la Segunda Guerra Mundial. Situada a orillas del río Támesis, es conocida por su rica historia, su diversidad cultural y sus emblemáticos monumentos. La arquitectura de Londres es diversa y abarca desde edificios antiguos como la Abadía de Westminster y la Catedral de San Pablo hasta modernas estructuras como el Shard y el Gherkin. Los barrios de la ciudad tienen su propio carácter arquitectónico, desde el bullicioso Soho hasta el elegante Mayfair. Entre sus atracciones más famosas se encuentran el Palacio de Buckingham, la Torre de Londres, el Big Ben, el London Eye y el Puente de la Torre. Además de su patrimonio histórico, Londres es un importante centro económico, financiero, cultural y de moda, albergando numerosos museos, teatros y galerías de arte.

Loto: El loto es una planta acuática emblemática y simbólica que se encuentra en varias partes del mundo, especialmente en regiones tropicales y subtropicales. conocido científicamente como Nelumbo nucifera, es una planta acuática perenne que pertenece a la familia Nelumbonaceae. Tiene grandes hojas flotantes redondas o en forma de escudo que se elevan sobre la superficie del agua y flores grandes y hermosas que pueden ser blancas, rosadas o rojas. es nativo de Asia y se encuentra en muchas partes del continente, incluyendo China, India, Japón y Corea. También se ha introducido en otras partes del mundo, como América del Norte y Europa, donde se cultiva como planta ornamental en estanques y jardines acuáticos. Además de su importancia cultural y simbólica, el loto tiene varios usos prácticos. Sus semillas son comestibles y se utilizan en la cocina asiática, tanto crudas como cocidas. Las hojas de loto también se utilizan como envolturas para alimentos y en la fabricación de artesanías como cestas y sombreros. El loto es una flor sagrada en muchas culturas asiáticas, simbolizando la pureza espiritual y el renacimiento. Su imagen aparece comúnmente en la iconografía religiosa y el arte.

Madagascar: Madagascar se encuentra en el suroeste del océano Índico, separada del continente africano por el canal de Mozambique. Es la cuarta isla más grande del mundo y la más grande de África. Es conocida por su extraordinaria biodiversidad, con una gran cantidad de especies de plantas y animales que son endémicas de la isla, es decir, no se encuentran en ninguna otra parte del mundo. Alrededor del 90% de la vida silvestre de Madagascar es única en la isla, lo que la convierte en uno de los puntos calientes de biodiversidad más importantes del mundo. Alberga una amplia variedad de hábitats, que van desde selvas tropicales y bosques secos hasta manglares y sabanas. La isla también tiene una historia colonial compleja, habiendo sido colonizada por franceses y más tarde alcanzando la independencia en 1960.

Malasia: Malasia es un país ubicado en el sureste de Asia, limitando al norte con Tailandia, al sur con Singapur, al oeste con Indonesia y al este con Brunei y el mar de China Meridional. Está dividida en dos regiones principales: Malasia Peninsular, que comparte frontera con Tailandia, y Malasia Oriental, que ocupa la parte norte de la isla de Borneo. Es conocido por su diversidad étnica, cultural y natural. Kuala Lumpur, la capital, es conocida por sus imponentes rascacielos, como las famosas Torres Petronas y su bullicioso centro comercial. Malasia es famosa por sus playas de arena blanca, sus selvas tropicales, sus parques nacionales y sus diversas culturas, que incluyen malayos, chinos, indios y pueblos indígenas. Es un crisol de culturas, con una mezcla única de malayos, chinos, indios y diversas etnias indígenas. Esta diversidad se refleja en la gastronomía, la arquitectura, las festividades y las tradiciones del país. Destacan lugares como el Parque Nacional de Taman Negara, las islas Perhentian, el Parque Nacional de Kinabalu y los campos de té de Cameron Highlands.

Maldivas: Las Maldivas es un país insular situado en el océano Índico, al suroeste de Sri Lanka e India. Está compuesto por 26 atolones, que a su vez están formados por más de 1.000 islas coralinas. Conocidas por sus aguas cristalinas y sus playas de arena blanca, las Maldivas son un destino turístico. Malé, la capital, es conocida por su bullicioso mercado de pescado, sus mezquitas y su palacio presidencial. La economía del país se basa en gran medida en el turismo y la pesca.

Margarita: La margarita es una flor común en muchas partes del mundo, conocida por sus pétalos blancos y amarillos que rodean un centro amarillo o marrón. Es una planta herbácea perenne que pertenece al género Leucanthemum o Bellis, dependiendo de la especie específica. Las margaritas son populares en jardinería por su aspecto delicado y su resistencia, y también son frecuentemente utilizadas en arreglos florales y como símbolo de inocencia y pureza.

Mármol: El mármol es una roca metamórfica utilizada en esculturas y construcción debido a su belleza y durabilidad. Está compuesto principalmente por calcita o dolomita, que son minerales de carbonato de calcio. Estos minerales se forman a partir de sedimentos marinos depositados y luego sometidos a altas temperaturas y presiones en la corteza terrestre. El mármol puede presentar una amplia variedad de colores, incluyendo blanco, gris, negro, verde, rosa y beige, dependiendo de los minerales y las impurezas presentes en la roca. El mármol ha sido apreciado por su belleza y valor cultural desde la antigüedad. Ha sido utilizado por civilizaciones como los griegos, romanos y egipcios en la construcción de templos, palacios, esculturas y monumentos que todavía se pueden admirar en la actualidad. El mármol blanco de Carrara en Italia es particularmente famoso.

Marruecos: Marruecos es un país situado en el extremo noroeste de África, con costas en el océano Atlántico y el mar Mediterráneo. Es conocido por su diversidad cultural, paisajes variados que van desde el desierto del Sahara hasta montañas nevadas, y su rica historia que incluye influencias bereberes, árabes y europeas. Marruecos es famoso por sus zocos y su arquitectura, como la medina de Fez y la mezquita Hassan II en Casablanca.

Mauna Kea: Mauna Kea es un volcán inactivo ubicado en la isla de Hawái, en el archipiélago de Hawái. Con una altitud de aproximadamente 4.207 metros sobre el nivel del mar, es el pico más alto de las islas hawaianas. La cumbre de Mauna Kea es conocida por su observatorio astronómico, que alberga algunos de los telescopios más avanzados del mundo debido a su ubicación privilegiada y la claridad del cielo en esa área. Además de su importancia científica,

Mauna Kea es un lugar sagrado para la cultura indígena hawaiana y está rodeado de una rica biodiversidad.

Mauna Loa: Mauna Loa es uno de los volcanes más grandes y activos del mundo. Se encuentra en la isla de Hawái y es conocido por su impresionante altura y su actividad volcánica. Con una altitud de más de 4.000 metros sobre el nivel del mar, Mauna Loa es un destino popular para excursionistas y científicos. Es parte del Parque Nacional de los Volcanes de Hawái, junto con el vecino Mauna Kea y otros volcanes. Su cumbre está marcada por un gran cráter, y su forma de escudo es característica de los volcanes hawaianos.

Mediterráneo: El Mar Mediterráneo es un mar conectado al océano Atlántico, rodeado por tres continentes: Europa, África y Asia. Es uno de los mares más grandes del mundo y está conectado con el océano Atlántico a través del estrecho de Gibraltar y con el mar Rojo a través del canal de Suez. El Mediterráneo ha sido una ruta importante para el comercio, la navegación y la cultura durante miles de años, y ha sido el hogar de muchas civilizaciones antiguas, incluidas las griega, romana, egipcia y fenicia. El clima en la región del Mediterráneo varía desde subtropical en la costa norte de África y sur de Europa hasta mediterráneo en la mayoría de las áreas costeras. Esta región es conocida por su clima templado. También por su biodiversidad, que incluye una gran variedad de especies marinas, así como una rica historia cultural y arqueológica.

Mekong: El río Mekong es uno de los ríos más largos de Asia, fluyendo a través de varios países, incluidos China, Vietnam, Camboya y Laos. Es uno de los ríos más largos de Asia. Se extiende a lo largo de aproximadamente 4.350 kilómetros desde el Tíbet en China, pasando por Myanmar, Laos, Tailandia, Camboya y Vietnam, antes de desembocar en el mar de China Meridional. Es esencial para la vida y la agricultura en la región. Proporciona agua para la agricultura, la pesca y la vida cotidiana de millones de personas en la región. Además, es vital para el transporte de mercancías y la generación de energía hidroeléctrica a través de la construcción de represas. Alberga una rica diversidad de vida silvestre, incluyendo una gran variedad de peces, aves, mamíferos y reptiles. Es especialmente conocido por su población de peces migratorios, que incluye especies como el bagre gigante del Mekong.

México: México es un país ubicado en América del Norte, que comparte fronteras con Estados Unidos al norte y Guatemala y Belice al sureste. La Ciudad de México, la capital, es una de las áreas urbanas más grandes del mundo. Tiene una rica historia y una diversidad cultural única, resultado de la fusión de las culturas indígenas precolombinas con la cultura española colonial. Es conocido por su arte, música, gastronomía, arquitectura y tradiciones populares coloridas y vibrantes. El país cuenta con una amplia variedad de paisajes, que van desde playas tropicales hasta altas montañas, desiertos y selvas tropicales. Algunos de los destinos turísticos más populares incluyen las antiguas ruinas mayas en la península de Yucatán, las playas de Cancún y Riviera Maya, el centro histórico de la Ciudad de México, y las ciudades coloniales de Oaxaca y Guanajuato.

Misisipi: El río Misisipi es uno de los ríos más largos del mundo, con una longitud aproximada de 3.730 kilómetros. Se extiende desde el norte de Minnesota, donde nace en el lago Itasca, hasta el golfo de México, donde desemboca en una amplia desembocadura en Luisiana. Ha sido una importante arteria fluvial a lo largo de la historia de América del Norte. Ha desempeñado un papel vital en el comercio, el transporte y la colonización de la región, sirviendo como una ruta clave para la exploración y la expansión hacia el oeste.

Mojave: El Desierto de Mojave es un vasto desierto que se extiende por partes de California, Nevada, Utah y Arizona en los Estados Unidos. Es conocido por su paisaje árido y escarpado, que incluye vastas extensiones de arena, cañones profundos, montañas escarpadas y formaciones rocosas únicas. Entre sus características geográficas más destacadas se encuentran el Valle de la Muerte, el Parque Nacional Joshua Tree y el Parque Nacional del Valle del Fuego. A pesar de su apariencia desolada, el desierto de Mojave alberga una sorprendente diversidad de vida silvestre adaptada a las duras condiciones del desierto. Entre las especies animales más destacadas se encuentran el coyote, el borrego cimarrón, la tortuga del desierto, el ratón canguro y una variedad de aves y reptiles.

Mont Blanc: El Mont Blanc, ubicado en la frontera entre Francia e Italia, es la montaña más alta de los Alpes, con una altitud de 4.808 metros sobre el nivel del mar. Es una de las cumbres más emblemáticas de Europa y atrae a alpinistas y excursionistas de todo el mundo. El Mont Blanc ofrece vistas panorámicas impresionantes de los Alpes y de la región circundante, incluyendo el Valle de Chamonix en Francia y el Valle de Aosta en Italia.

Montañas Blancas: Las Montañas Blancas son una cadena montañosa ubicada en el estado de Nuevo Hampshire, en el noreste de Estados Unidos. Forman parte de los Apalaches y son conocidas por su belleza escénica, especialmente en otoño cuando los árboles cambian de color. El pico más alto de las Montañas Blancas es el Monte Washington, que alcanza una altitud de 1.917 metros

Montañas Selváticas: Las Montañas Selváticas son una cadena montañosa ubicada en América Central y del Sur, que se extiende a lo largo de varios países, incluyendo Colombia, Ecuador, Perú, Bolivia y Argentina, entre otros. Esta cadena montañosa recibe su nombre por su ubicación en regiones selváticas y su alta biodiversidad. Las Montañas Selváticas albergan una gran cantidad de ecosistemas, desde selvas tropicales hasta páramos andinos, y son el hogar de una increíble variedad de flora y fauna, incluyendo numerosas especies endémicas.

Montes Apalaches: Los Montes Apalaches son una cadena montañosa en el este de América del Norte, extendiéndose a lo largo de aproximadamente 2.400 kilómetros desde el noreste de Alabama hasta el sur de Quebec, formando una cadena montañosa que atraviesa partes de 13 estados de los Estados Unidos y dos provincias de Canadá. Los Apalaches son una cadena montañosa de edad considerable, formada hace más de 480 millones de años durante la orogenia apalache. Albergan una gran diversidad de vida silvestre y ecosistemas, incluyendo bosques templados, humedales, ríos y arroyos. Son el hogar de una variedad de especies animales, como osos negros, ciervos, mapaches, pumas, aves rapaces y una amplia variedad de flora y fauna. Los Montes Apalaches han desempeñado un papel importante en la historia de Estados Unidos.

Montes Atlas: Los montes Atlas son una cadena montañosa que se extiende a lo largo del noroeste de África, atravesando Marruecos, Argelia y Túnez. Esta cadena montañosa es una de las más importantes del continente africano y se divide en tres secciones principales: el Atlas Alto, el Atlas Medio y el Atlas Sahariano. El Atlas Alto es la sección más elevada y escarpada, con picos que alcanzan alturas superiores a los 4.000 metros, mientras que el Atlas Medio y el Atlas Sahariano son menos elevados y están más cerca del desierto del Sáhara. Los montes Atlas son conocidos por su belleza natural, con paisajes impresionantes que incluyen valles fértiles, gargantas profundas, cascadas y bosques de cedros. También son el hogar de una rica diversidad

de flora y fauna, así como de comunidades humanas que han habitado la región durante milenios.

Montes Rocosos: Los Montes Rocosos son una importante cadena montañosa que se extiende por América del Norte, desde el norte de México hasta Alaska, en Estados Unidos. Esta cadena montañosa es conocida por su espectacular belleza natural y su importancia geológica y ecológica. Los Montes Rocosos albergan una gran diversidad de ecosistemas, incluyendo bosques templados, praderas alpinas, lagos glaciares y cañones profundos. Son el hogar de una gran variedad de vida silvestre, como osos, alces, ciervos, águilas y muchas otras especies. Además, son una importante fuente de recursos naturales, como minerales, agua y madera.

Montes Urales: Los montes Urales son una cadena montañosa que forma una frontera natural entre Europa del Este y Asia del Norte. Se extienden aproximadamente 2.500 kilómetros desde el mar de Kara, en el norte de Rusia, hasta el norte de Kazajistán. Los montes Urales son una importante división geográfica y cultural en Rusia, y separan la llanura europea de la vasta región de Siberia. Además de su importancia geográfica, los Urales son ricos en recursos minerales, incluidos depósitos de metales preciosos, minerales y petróleo.

Montes Zagros: Los Montes Zagros son una cadena montañosa en el suroeste de Asia, que se extiende por Irán, Irak y Turquía. Esta cadena montañosa tiene una longitud aproximada de 1.600 kilómetros y una altura máxima de alrededor de 4.000 metros. Los montes Zagros son conocidos por su belleza y su importancia histórica y cultural, ya que han sido habitados por diversas civilizaciones a lo largo de la historia, incluidos los persas, sumerios y asirios. Además, los montes Zagros son una región rica en recursos naturales, como petróleo, gas natural y agua.

MontMcKinley: Monte McKinley, también conocido como Denali, es la montaña más alta de América del Norte y está ubicada en Alaska, Estados Unidos. Con una elevación de 6.190 metros sobre el nivel del mar, el Monte McKinley es la montaña más alta de América del Norte y una de las Siete Cumbres. Se encuentra dentro del Parque Nacional y Reserva Denali, una de las áreas protegidas más grandes de los Estados Unidos. El parque es conocido por su belleza natural y su abundante vida silvestre, que incluye alces, caribúes, osos, lobos y una variedad de aves. Es un importante destino de montañismo.

Moscú: Moscú es la capital de Rusia y una de las ciudades más grandes del mundo. Situada a orillas del río Moscova, es conocida por su rica historia, arquitectura impresionante y vibrante vida cultural. Alberga numerosos lugares de interés, como la Plaza Roja, el Kremlin, la Catedral de San Basilio y el Teatro Bolshói. Moscú es también un importante centro político, económico y cultural de Rusia, y su influencia se extiende más allá de las fronteras del país.

Murray: El río Murray es uno de los principales ríos de Australia. Con una longitud de aproximadamente 2.500 kilómetros, es el río más largo del país. Fluye a través de los estados de Nueva Gales del Sur, Victoria y Australia Meridional, desembocando en el océano Índico. Es una importante fuente de agua para la agricultura, el suministro de agua potable y la navegación en la región.

Namib: El Namib es uno de los desiertos más antiguos y secos del mundo, y se extiende a lo largo de aproximadamente 2.000 kilómetros a lo largo de la costa atlántica del suroeste de África. Ocupa gran parte de Namibia, así como porciones de Angola y Sudáfrica. El paisaje del Namib es único y variado, que incluye dunas de arena rojiza que se elevan hasta alturas impresionantes,

llanuras desérticas, mesetas rocosas y cañones profundos. Las dunas del Namib son algunas de las más altas del mundo, con la Duna 45 y la Gran Duna cerca de Sossusvlei.

Narciso: El narciso es una flor primaveral y bulbosa, conocida por sus bonitas flores y su agradable fragancia. Pertenece al género Narcissus y a la familia de las Amarilidáceas. Tiene flores generalmente blancas o amarillas, con una corona en forma de trompeta rodeada por seis pétalos. La planta crece a partir de un bulbo subterráneo y suele florecer en primavera. Los narcisos son originarios de la región mediterránea y se encuentran en estado silvestre en áreas de Europa, África del Norte y Asia occidental. Sin embargo, también se cultivan en muchas otras partes del mundo por su belleza ornamental. Además de su valor ornamental, los narcisos también se utilizan en la industria del perfume debido a su fragancia distintiva.

Negev: El Desierto de Negev es un desierto en el sur de Israel, conocido por su paisaje desértico y sus fenómenos geológicos. Se extiende desde el Mar Muerto hasta el Golfo de Aqaba. es el desierto más grande de Israel, que abarca aproximadamente el 55% del territorio del país. Es conocido por su belleza natural, que incluye cañones, montañas, llanuras y dunas de arena. A pesar de su aridez, el Negev alberga una variedad de especies adaptadas al desierto, incluyendo plantas resistentes como el árbol de acacia y el arbusto de romero, así como animales como la cabra montesa del Negev, el jerbo y el zorro del desierto. Tiene una rica historia que se remonta a miles de años, con evidencia de asentamientos humanos antiguos que datan de la Edad de Bronce. La región ha sido habitada por diversas civilizaciones a lo largo de los siglos, incluyendo los nabateos, romanos, bizantinos y árabes.

Negro: El Mar Negro es un cuerpo de agua salada que se encuentra entre Europa Oriental y Asia Menor, limitando al norte con Europa del Este, al sur con Anatolia y al oeste con los Balcanes. Es uno de los mares interiores más grandes del mundo. Es conocido por su importancia estratégica y su rica historia. Posee una amplia diversidad de vida marina y es un importante recurso económico para los países colindantes, especialmente en términos de pesca y transporte marítimo. Además, el Mar Negro ha sido el escenario de numerosos eventos históricos a lo largo de los siglos.

Niebla: La niebla es una suspensión de pequeñas gotas de agua en el aire que reduce la visibilidad. La niebla es un fenómeno meteorológico que consiste en la suspensión de pequeñas gotas de agua en el aire, lo que reduce la visibilidad en la atmósfera. Se forma cuando el aire cerca de la superficie de la Tierra se enfría hasta que su temperatura alcanza el punto de rocío, es decir, la temperatura a la que el aire satura y las gotas de agua comienzan a condensarse. Es común en áreas costeras.

Nigeria: Nigeria es un país ubicado en África Occidental. Es el país más poblado de África y uno de los más diversos culturalmente, con una gran variedad de grupos étnicos, idiomas y tradiciones. Nigeria es conocida por su rica historia, recursos naturales como el petróleo y su diversa vida salvaje en parques nacionales como el Parque Nacional Yankari. Además, Lagos, su ciudad más grande, es un importante centro económico y comercial en la región.

Nilo: El río Nilo es uno de los ríos más largos del mundo, ubicado en el noreste de África. Se considera vital para el desarrollo y la historia de las civilizaciones que han florecido a lo largo de sus orillas, como la antigua civilización egipcia. El Nilo tiene dos fuentes principales: el Nilo Blanco, que nace en el lago Victoria en Uganda, y el Nilo Azul, que comienza en el lago Tana en Etiopía. Los dos se unen en Sudán y fluyen hacia el norte a través de Sudán y Egipto antes de

desembocar en el mar Mediterráneo. El río Nilo ha sido fundamental para la agricultura, el transporte y la vida cotidiana de las personas que viven en su cuenca, y su valle es conocido por su fertilidad y su importancia histórica y cultural.

Nivel: Un nivel es una herramienta utilizada para determinar si una superficie es horizontal o vertical. Es esencial en la construcción y la carpintería. Hay varios tipos de niveles, pero los más comunes son el nivel de burbuja y el nivel láser. El nivel de burbuja es una herramienta simple que consta de un cuerpo recto con una burbuja de aire en un tubo de vidrio. El nivel láser, por otro lado, utiliza un láser para proyectar una línea de referencia en una superficie. Los niveles son herramientas esenciales en una variedad de industrias y aplicaciones, utilizadas para garantizar que las superficies estén niveladas y las estructuras sean seguras y estables.

Nueva York: Nueva York es una ciudad situada en la costa este de los Estados Unidos, en la desembocadura del río Hudson. La historia de Nueva York se remonta a la época de la colonización europea en América del Norte. Después de la guerra de la independencia, se convirtió en la primera capital del país y en un importante centro financiero y cultural. Durante el siglo XIX, Nueva York se benefició del crecimiento económico impulsado por la Revolución Industrial. La ciudad se convirtió en un importante centro de fabricación, comercio y transporte marítimo, gracias a su ubicación estratégica en la desembocadura del río Hudson y su acceso al Atlántico. Por otro lado, la inmigración, el desarrollo urbano y el surgimiento de nuevas instituciones transformaron Nueva York en la ciudad que conocemos hoy en día. Nueva York es uno de los centros económicos más importantes del mundo. Es un líder global en finanzas, comercio, tecnología, medios de comunicación, arte, moda, entretenimiento y turismo. Wall Street, en el distrito financiero de Manhattan, es el corazón del sector financiero mundial. Es famosa por sus numerosas atracciones turísticas. Entre los lugares más destacados se encuentran Times Square, Central Park, la Estatua de la Libertad, el Empire State Building, el Museo Metropolitano de Arte (MET), Broadway, el Rockefeller Center, el Puente de Brooklyn y el Museo de Historia Natural, entre otros.

Obsidiana: La obsidiana es una roca ígnea volcánica de origen natural que se forma cuando la lava se enfría rápidamente sin cristalizarse, lo que resulta en una textura vítrea y una superficie brillante. La obsidiana está compuesta principalmente de silicatos de aluminio y otros minerales como feldespato y magnetita. Es conocida por su color oscuro y su brillo vítreo. Puede ser de color negro, marrón, verde, rojo o incluso transparente en algunas variedades. Ha sido utilizada históricamente por varias culturas como material para fabricar herramientas, armas, artefactos rituales y objetos ornamentales. Su capacidad para romperse en bordes afilados la hace ideal para la fabricación de cuchillas, puntas de flechas y otros utensilios cortantes. Hoy en día, la obsidiana también se utiliza en la fabricación de joyas y en la decoración debido a su atractivo visual y su rareza.

Odómetro: Un odómetro es un instrumento utilizado para medir la distancia recorrida por un vehículo, ya sea terrestre, acuático o aéreo. Es común en automóviles y otras formas de transporte. funciona registrando la rotación de las ruedas del vehículo y convirtiendo ese movimiento en una medida de la distancia recorrida. En los vehículos terrestres, el odómetro generalmente está conectado al sistema de transmisión o a uno de los ejes de las ruedas para registrar el giro de las mismas. En los vehículos acuáticos y aéreos, el odómetro puede funcionar de manera similar, utilizando sensores de movimiento o GPS para determinar la distancia recorrida. Se utilizan en vehículos de transporte público, automóviles, camiones, barcos, aviones

y otros tipos de vehículos para calcular la distancia recorrida en viajes, rutas de entrega, vuelos, etc...

Ópalo: El ópalo es una gema preciosa que se caracteriza por su juego de colores iridiscentes. Se forma a partir de la sílice depositada en grietas y hendiduras de rocas sedimentarias. Su apariencia varía según la composición química y la estructura interna de la piedra, lo que da lugar a una amplia gama de colores y patrones. Esta gema se ha utilizado durante siglos en la fabricación de joyas y se considera una piedra preciosa muy valorada en la joyería.

Orinoco: El río Orinoco es uno de los ríos más importantes de América del Sur, con una longitud de aproximadamente 2.140 kilómetros. Tiene su origen en la cordillera de Parima en el sur de Venezuela, cerca de la frontera con Brasil. Fluye principalmente hacia el norte a través de Venezuela, recorriendo gran parte del país antes de desembocar en el océano Atlántico en un amplio delta compartido con Colombia. El río Orinoco y su cuenca albergan una rica diversidad de vida silvestre, incluyendo una gran cantidad de especies de peces, aves, mamíferos, reptiles y plantas. Entre las especies más emblemáticas se encuentran el delfín rosado del Amazonas, el jaguar, el caimán negro, la anaconda y una variedad de aves acuática. Es esencial para la biodiversidad en la región. Es vital para la navegación, el transporte de mercancías, la pesca y la agricultura en la región. Además, el río Orinoco es una fuente importante de energía hidroeléctrica, con la presa de Guri, una de las más grandes del mundo, ubicada en su curso. El río Orinoco y su cuenca son el hogar de numerosas comunidades indígenas, algunas de las cuales han habitado la región durante miles de años. Estas comunidades dependen del río y sus recursos naturales para su subsistencia y tienen una rica cultura y tradiciones que están estrechamente vinculadas al río y a su entorno.

Orión: La constelación de Orión es una de las más reconocibles en el cielo nocturno del hemisferio norte. Está ubicada en la región ecuatorial del cielo y es conocida por su brillante estrella Betelgeuse, que marca el hombro izquierdo de Orión, y Rigel, que marca su pie derecho. Orión también es famoso por su cinturón de tres estrellas brillantes alineadas en el centro de la constelación. En la mitología griega, Orión era un cazador gigante que fue colocado en el cielo por los dioses después de su muerte. La constelación de Orión es fácil de identificar y ha sido objeto de numerosas leyendas y mitos a lo largo de la historia.

Oro: El oro es un metal precioso altamente valorado por su belleza, rareza y utilidad. Tiene un distintivo color amarillo brillante y es conocido por su resistencia a la corrosión y su maleabilidad, lo que lo hace ideal para la acuñación de monedas, la fabricación de joyería y otros usos industriales. El oro ha sido utilizado como una forma de moneda y almacenamiento de riqueza durante miles de años y sigue siendo una inversión en la actualidad. También tiene aplicaciones en la electrónica, la odontología y la medicina, entre otros campos.

Orquídea: Las orquídeas son una de las familias más diversas de plantas con flores, con miles de especies que se encuentran en casi todos los rincones del mundo, excepto en los desiertos y en la Antártida. Tienen una amplia variedad de formas y colores de flores, lo que las convierte en plantas muy apreciadas en la jardinería y en la decoración floral. Las orquídeas se encuentran en una variedad de hábitats, desde selvas tropicales hasta montañas y praderas, y pueden adaptarse a una amplia gama de condiciones de crecimiento. Algunas especies son terrestres, mientras que otras son epífitas, creciendo sobre árboles u otras plantas sin llegar a parasitarlos.

Oso Polar: El oso polar es un mamífero que habita en el Ártico. Es el mayor carnívoro terrestre y está especialmente adaptado para vivir en condiciones extremadamente frías. Su grueso pelaje blanco, que parece amarillo debido a la refracción de la luz solar, le proporciona un excelente aislamiento térmico y lo ayuda a camuflarse en su entorno nevado. Son excelentes nadadores y pasan gran parte de su vida en el hielo marino en busca de alimento, principalmente focas y otros animales marinos.

Pacaya: El Pacaya es un volcán activo ubicado en Guatemala, cerca de la ciudad de Antigua. Es uno de los volcanes más activos de América Central y ha estado en erupción de forma intermitente desde principios del siglo XVI. Su cúspide se eleva a unos 2.552 metros sobre el nivel del mar, y su actividad volcánica y la posibilidad de observar lava en erupción, atrae a multitud de turistas.

Pacífico: El Océano Pacífico es el más grande y profundo del mundo, abarcando más del 30% de la superficie de la Tierra y albergando una increíble diversidad de vida marina. Se extiende desde el Ártico en el norte hasta la Antártida en el sur, y está bordeado por las costas de América, Asia y Oceanía. Este vasto océano es vital para el clima y la biodiversidad global, y juega un papel fundamental en la regulación del clima mundial. Además, es un importante corredor de comercio marítimo, conectando países de todo el mundo y facilitando el transporte de bienes y personas.

Pakistán: Pakistán es un país ubicado en el sur de Asia, con una población diversa y una rica historia cultural. Limita con India al este, Afganistán e Irán al oeste, China al norte y al oeste, y con el Mar Arábigo al sur. Su capital es Islamabad, mientras que la ciudad más grande es Karachi. Pakistán es conocido por sus paisajes variados, que incluyen las montañas del Himalaya y el Karakoram, así como las llanuras fértiles del río Indo. La región que ahora es Pakistán ha sido habitada por civilizaciones antiguas durante milenios, incluidas las civilizaciones del valle del Indo y el imperio Maurya. En la era moderna, Pakistán se formó en 1947 como resultado de la partición de la India británica, que dividió la región en dos estados separados, India y Pakistán, con el objetivo de crear un estado musulmán para los musulmanes del subcontinente indio. Tiene una economía que incluye agricultura, industria y servicios. Es un importante productor agrícola, con productos como trigo, arroz y algodón, y también tiene una industria textil y manufacturera desarrollada.

Palau: Palau es una nación insular en el océano Pacífico occidental. Está compuesta por más de 200 islas, pero solo unas pocas están habitadas. Su capital es Ngerulmud, situada en la isla de Babeldaob. Palau es conocida por sus impresionantes arrecifes de coral, lagos de agua dulce y paisajes naturales vírgenes. Es un destino popular para el buceo y el snorkel debido a su rica biodiversidad marina y atractivos como el famoso Lago Jellyfish, donde los nadadores pueden experimentar la extraña sensación de nadar entre medusas no picantes.

Panda: El panda es un mamífero perteneciente a la familia de los úrsidos y es nativo de China. Conocido por su distintivo pelaje blanco y negro, el panda gigante es uno de los animales más reconocibles del mundo. Se alimenta principalmente de bambú y habita en áreas de bosques de montaña en las regiones centrales de China. Son capaces de consumir grandes cantidades de bambú todos los días, lo que les proporciona la energía y los nutrientes necesarios para sobrevivir. Aunque son principalmente herbívoros, los pandas también pueden consumir pequeños mamíferos, aves o peces en ocasiones. Los pandas gigantes son animales solitarios y

territoriales, y cada individuo necesita un amplio rango de hábitat para encontrar suficiente alimento y espacio para vivir. A pesar de su apariencia tranquila y tierna, los pandas son excelentes escaladores y pueden ser bastante ágiles cuando lo necesitan.

Panda Rojo: El panda rojo, también conocido como "pequeño panda" o "zorro de fuego", es un mamífero arbóreo nativo de las regiones montañosas del Himalaya y del sur de China. Aunque comparte el nombre "panda" con el panda gigante, no está estrechamente relacionado con él. El panda rojo es más parecido a un mapache que a un oso. Se caracteriza por su pelaje rojo brillante, cola larga y espesa, y su rostro redondeado y expresivo. Son principalmente herbívoros, alimentándose de bambú, frutas, bayas e insectos

Paraná: El río Paraná tiene una longitud aproximada de 4.880 kilómetros, lo que lo convierte en uno de los ríos más largos del continente sudamericano. Se origina en Brasil, en la confluencia de los ríos Grande y Paranaíba, y fluye hacia el sur a través de Paraguay y Argentina antes de desembocar en el río de la Plata, cerca de Buenos Aires. El río Paraná es una importante vía de transporte para la región, facilitando el comercio y el transporte de mercancías entre los países ribereños. Además, el río y su cuenca albergan una gran biodiversidad de flora y fauna, incluidas especies como el yacaré overo y el yaguareté.

París: París, la capital de Francia, es una de las ciudades más emblemáticas y visitadas del mundo. Conocida como "la Ciudad de la Luz", París es famosa por sus monumentos, su historia, su arte, su cultura y la gastronomía. Entre sus atracciones más destacadas se encuentran la Torre Eiffel, el Museo del Louvre, la Catedral de Notre-Dame, el Arco de Triunfo y los Campos Elíseos. También alberga importantes instituciones culturales como la Ópera Garnier y el Palacio de Versalles. A orillas del río Sena, París cautiva a millones de visitantes cada año con su belleza y encanto.

Patagonia: La Patagonia es una vasta región geográfica que abarca la parte sur de América del Sur, compartida principalmente por Argentina y Chile. Es conocida por su impresionante belleza natural, que incluye majestuosas montañas, glaciares, extensas estepas, lagos cristalinos y fiordos escarpados. La Patagonia también alberga una rica biodiversidad, con especies únicas de flora y fauna. Entre los lugares más destacados de la Patagonia se encuentran el Parque Nacional Torres del Paine en Chile, conocido por sus picos, lagos azules y campos de hielo; el Glaciar Perito Moreno en Argentina, uno de los pocos glaciares del mundo que aún avanza; y la Tierra del Fuego, un archipiélago que ofrece paisajes vírgenes y una rica historia marítima.

Pegaso: Pegaso es una constelación del hemisferio norte celeste y puede ser observada durante la mayor parte del año desde latitudes septentrionales. Se encuentra cerca del ecuador celeste, lo que significa que es visible desde una amplia variedad de ubicaciones en la Tierra. En la mitología griega, Pegaso era un caballo alado, nacido de la sangre de la Gorgona Medusa después de que Perseo la decapitara. Pegaso fue domesticado por el héroe Belerofonte, quien lo montó en varias aventuras, incluyendo la batalla contra la Quimera. Finalmente, Pegaso fue colocado entre las estrellas por Zeus.

Pekín: Pekín, también conocida como Beijing, es la capital de China y una de las ciudades más grandes del mundo. Es un importante centro político, cultural y económico en China, con una historia que se remonta a más de 3.000 años. Fue la capital de varias dinastías chinas, incluyendo la dinastía Yuan, la dinastía Ming y la dinastía Qing. La ciudad es famosa por su extensa historia y sus numerosos lugares históricos y culturales, como la Ciudad Prohibida, un antiguo palacio

imperial; el Templo del Cielo, un complejo religioso taoísta construido en el siglo XV y la Gran Muralla China, una impresionante estructura defensiva que se extiende a lo largo de miles de kilómetros. También son conocidos el Palacio de Verano, la Plaza de Tiananmen y el Templo de los Lamas, entre otros. Pekín también es famosa por su rica cultura, que incluye la ópera de Pekín, el arte de la caligrafía, la pintura china, y la arquitectura tradicional de los hutongs (callejones). Pekín es el centro económico y tecnológico de China, con una economía diversificada que incluye sectores como la tecnología, las finanzas, la educación y el turismo.

Peridoto: El peridoto es una piedra preciosa que se caracteriza por su color verde oliva brillante y puede variar desde un tono verde oliva pálido hasta un verde intenso y vibrante. Su color verde es causado por la presencia de hierro en su composición química. A menudo, el peridoto se encuentra en forma de cristales prismáticos o granos redondeados. El peridoto se forma en el manto terrestre y se encuentra en rocas volcánicas ígneas, así como en meteoritos. Se cree que la mayoría de los peridotos encontrados en la superficie de la Tierra fueron transportados por erupciones volcánicas. Algunos de los yacimientos más conocidos de peridoto se encuentran en países como Estados Unidos (Hawái), Egipto, Birmania, Pakistán y China. Se utiliza principalmente en la fabricación de joyas, como anillos, collares, pendientes y pulseras. Se cree que el peridoto tiene propiedades curativas y protectoras, y ha sido apreciado a lo largo de la historia como una piedra única.

Perla: La perla es una gema orgánica formada dentro de las conchas de moluscos, especialmente de ostras y mejillones, como una respuesta a la irritación causada por un cuerpo extraño que entra en el animal. Cuando un cuerpo extraño, como un grano de arena o un parásito, entra en la concha de un molusco, el animal secreta nácar, una sustancia compuesta principalmente de carbonato de calcio, para cubrir el intruso y protegerse. Con el tiempo, capa tras capa de nácar se deposita sobre el irritante, formando una perla. Las perlas pueden ser naturales o cultivadas. Las perlas naturales se forman de manera espontánea sin intervención humana y son raras y valiosas. Las perlas cultivadas se producen mediante el proceso controlado de injertar un irritante en el molusco, lo que estimula la producción de nácar. Las perlas vienen en una variedad de colores, incluyendo blanco, crema, dorado, rosa, verde, azul y negro. La calidad de una perla se evalúa en función de su brillo, forma, tamaño, color, superficie y simetría. Las perlas más valiosas suelen tener un brillo intenso y un color uniforme. Han sido valoradas como gemas preciosas durante siglos y se utilizan en la fabricación de joyas, como collares, pendientes, pulseras y anillos. En muchas culturas orientales, las perlas simbolizan la pureza, la sabiduría y la prosperidad.

Perú: Perú es un país situado en la parte occidental de América del Sur y es conocido por su rica historia, diversidad cultural, impresionantes paisajes naturales y una rica herencia arqueológica. El país tiene una variedad de paisajes, que incluyen la costa del Pacífico, los Andes y la selva amazónica, lo que lo convierte en uno de los países más biodiversos del mundo. Perú tiene una historia rica y diversa que se remonta a miles de años, con evidencia de civilizaciones antiguas como los incas, los moches, los nazcas y los chimúes. La cultura peruana es una mezcla única de tradiciones indígenas, europeas, africanas y asiáticas, que se refleja en la música, la danza, la gastronomía y las festividades del país. Es famoso por sus impresionantes sitios arqueológicos, incluyendo la ciudadela inca de Machu Picchu, que es Patrimonio de la Humanidad. Otros destinos turísticos populares incluyen el cañón del Colca, el lago Titicaca, la ciudad de Cuzco, el valle Sagrado y las líneas de Nazca. La gastronomía peruana es una de las más diversas y

reconocidas del mundo, con platos emblemáticos como el ceviche, el lomo saltado, el ají de gallina y el anticucho. El país es uno de los mayores productores mundiales de metales como el cobre, el zinc y el oro, y también es conocido por su producción de café, espárragos, uvas y textiles.

Pingüino: Los pingüinos son aves marinas no voladoras que habitan principalmente en el hemisferio sur, aunque algunas especies también habitan en regiones más al norte. Los pingüinos son conocidos por vivir en ambientes fríos, especialmente en regiones antárticas y subantárticas, aunque también se pueden encontrar en lugares más templados como las costas de Sudáfrica, Australia, Nueva Zelanda y América del Sur. Prefieren hábitats costeros y pasan la mayor parte de su vida en el agua. Los pingüinos tienen un cuerpo aerodinámico adaptado para nadar en el agua. Sus alas se han modificado en aletas que les permiten moverse con facilidad bajo el agua. Tienen plumas densas y resistentes al agua para mantenerse secos y cálidos. Los pingüinos son carnívoros y se alimentan principalmente de peces, calamares y crustáceos que capturan mientras nadan en el océano. Utilizan técnicas de caza como la emboscada y el buceo para capturar a sus presas. son animales sociales que suelen formar colonias para protegerse del frío y depredadores. Se comunican a través de sonidos y exhibiciones físicas, como movimientos de la cabeza y el cuerpo. También son conocidos por su comportamiento de apareamiento y crianza, con muchos pingüinos que forman parejas monógamas y comparten la responsabilidad de incubar los huevos y cuidar a los polluelos. Existen 18 especies de pingüinos, cada una adaptada a su propio hábitat y condiciones climáticas. Algunas de las especies más conocidas son el pingüino emperador, el pingüino rey, el pingüino de Adelia, el pingüino de Magallanes y el pingüino de Galápagos.

Pirineos: Los Pirineos son una cadena montañosa ubicada en el suroeste de Europa, que actúa como frontera natural entre España y Francia. Se extienden aproximadamente 430 kilómetros desde el golfo de Vizcaya, en el océano Atlántico, hasta el mar Mediterráneo, separando la península ibérica de la Europa continental. Son una de las principales cadenas montañosas de Europa. Los Pirineos presentan un relieve montañoso con picos elevados, valles profundos, ríos y lagos glaciares. La cima más alta de los Pirineos es el Pico de Aneto, que alcanza los 3,404 metros de altura sobre el nivel del mar. albergan una gran diversidad de flora y fauna debido a su variado relieve y climas. En las zonas más altas, se encuentran bosques de coníferas y prados alpinos, mientras que en las regiones más bajas predominan los bosques frondosos y los pastizales. La fauna incluye especies como el oso pardo, el lince ibérico, el rebeco, el quebrantahuesos y el águila real. Los Pirineos son un destino popular para actividades al aire libre durante todo el año. En invierno, se practica el esquí en estaciones como Baqueira-Beret, Grandvalira y Saint-Lary-Soulan. En verano, se realizan actividades como el senderismo, el alpinismo, el ciclismo de montaña, la pesca y el turismo rural.

Piscis: Es una constelación del zodíaco que se encuentra en el hemisferio celestial sur. Se sitúa entre las constelaciones de Aries y Acuario. Está compuesta por varias estrellas, siendo las más brillantes Alfa Piscium, Beta Piscium y Gamma Piscium, aunque ninguna de estas estrellas es especialmente brillante. Piscis no es conocida por contener objetos celestes prominentes como nebulosas o cúmulos estelares, pero es el hogar de varias galaxias. En la mitología griega, Piscis representa a dos peces unidos por una cuerda. Se dice que estos peces fueron enviados por la diosa Afrodita y su hijo Eros para rescatar a los héroes mitológicos Frixo y Hele de un monstruo

marino. Como recompensa por su valentía, los peces fueron elevados al cielo y se convirtieron en la constelación de Piscis.

Plata: La plata es un metal precioso brillante y de color blanco plateado que ha sido valorado por su belleza y utilidad desde la antigüedad. Es un metal blando, maleable y dúctil que se puede pulir hasta obtener un brillo altamente reflectante. Tiene una alta conductividad eléctrica y térmica, lo que lo hace útil en una variedad de aplicaciones industriales y tecnológicas. La plata es resistente a la corrosión, aunque puede oscurecerse con el tiempo debido a la formación de sulfuro de plata en su superficie. Se utiliza en una amplia gama de aplicaciones, desde joyería y cubertería hasta electrónica y tecnología de la información. Es un componente importante en la fabricación de monedas, lingotes y objetos de valor, y también se utiliza en la industria fotográfica, en la fabricación de espejos y en la producción de instrumentos musicales como flautas y trompetas. Es un activo de inversión popular y se negocia en mercados financieros de todo el mundo. Se puede comprar y vender en forma de lingotes, monedas y contratos de futuros. Muchas personas invierten en plata como una forma de protegerse contra la inflación. Los principales productores de plata en el mundo incluyen a países como México, Perú, China, Rusia y Chile.

Plomada: La plomada es una herramienta de medición utilizada en diversas aplicaciones, especialmente en la construcción y la carpintería, para determinar la verticalidad o la alineación de un objeto con respecto a la gravedad. Tradicionalmente consiste en un peso en el extremo de una cuerda o alambre. Funciona mediante la fuerza de la gravedad. Cuando se suspende libremente, el peso en el extremo de la cuerda se alinea verticalmente debido a la atracción gravitatoria de la Tierra. Esto permite determinar si un objeto está verticalmente alineado o si está inclinado hacia un lado. En la construcción, la plomada se utiliza para verificar la verticalidad de paredes, columnas, postes y otras estructuras verticales. Existen variantes modernas que utilizan láseres o dispositivos electrónicos para proporcionar mediciones más precisas y rápidas. Estas variantes pueden ser útiles en situaciones donde se requiere una mayor precisión o cuando se trabaja a gran altura.

Po: El río Po es el río más largo de Italia, fluyendo desde los Alpes italianos hasta el Mar Adriático, atravesando varias regiones importantes como Piamonte, Lombardía, Emilia-Romagna y Véneto. Con una longitud de aproximadamente 652 kilómetros, atraviesa varias ciudades importantes, como Turín, Piacenza, Cremona, Ferrara y Rávena, antes de desembocar en el mar Adriático. El río Po y sus afluentes son una fuente importante de agua para la agricultura, la industria y el suministro de agua potable en la región. Las tierras fértiles a lo largo de las riberas del Po son utilizadas para la agricultura, especialmente para el cultivo de arroz, maíz, trigo y frutas. Es conocido por sus pintorescas llanuras y su importancia histórica y cultural en Italia.

Popocatépetl: El Popocatépetl es un volcán activo ubicado en México, específicamente en los estados de Puebla, Morelos y México. Es el segundo volcán más alto de México, con una altitud de aproximadamente 5.426 metros sobre el nivel del mar, solo superado por el Pico de Orizaba. es un estratovolcán compuesto por capas alternas de lava endurecida, ceniza volcánica y material piroclástico. A lo largo de la historia, ha tenido numerosas erupciones, algunas de las cuales han sido significativas y han afectado a las comunidades cercanas. La actividad volcánica del Popocatépetl continúa hasta el día de hoy, con emisiones periódicas de ceniza, gas y lava.

Prismático: Un prismático es un instrumento óptico que consta de dos tubos telescópicos montados uno al lado del otro y que están alineados para que ambos ojos del observador puedan ver a través de ellos simultáneamente. Utilizan prismas y lentes para ampliar la imagen de objetos distantes y hacer que aparezcan más cercanos al observador. La luz que entra por el objetivo delantero se enfoca y amplifica a medida que atraviesa el sistema de lentes y prismas, y luego llega a los ojos del observador a través de los oculares. Son ampliamente utilizados en una variedad de actividades al aire libre y deportes, como la observación de aves, la caza, el senderismo, la navegación, la observación de la naturaleza, la astronomía amateur, eventos deportivos y conciertos. También son herramientas importantes para uso militar.

Rayo: Un rayo es una descarga eléctrica que se produce durante una tormenta eléctrica. Las nubes se cargan eléctricamente debido a la fricción entre las gotas de agua y los cristales de hielo en su interior. Esta acumulación de cargas crea un campo eléctrico intenso dentro de la nube y entre la nube y la tierra. Cuando el campo eléctrico se vuelve lo suficientemente fuerte, se produce una descarga eléctrica en forma de un brillante destello de luz conocido como rayo. Un rayo está compuesto principalmente de una corriente eléctrica extremadamente intensa que viaja a través del aire ionizado. Esta corriente puede alcanzar temperaturas de hasta 30.000 grados Celsius, lo que la hace más caliente que la superficie del sol.

Reino Unido: El Reino Unido o Gran Bretaña, comprende cuatro países constituyentes: Inglaterra, Escocia, Gales e Irlanda del Norte. Es conocido por su historia, cultura diversa y contribuciones a la literatura, la música, la ciencia y la política. La capital es Londres, una metrópolis global que alberga importantes instituciones financieras, culturales y gubernamentales. Con una población diversa y una mezcla de paisajes que van desde las verdes colinas de Escocia y Gales hasta los bulliciosos distritos urbanos de Londres, el Reino Unido es un destino turístico popular y un centro de influencia a nivel mundial.

Rin: El río Rin es uno de los ríos más importantes de Europa. Se origina en los Alpes suizos y fluye hacia el norte a través de Suiza, Liechtenstein, Austria, Alemania, Francia y los Países Bajos, donde desemboca en el mar del Norte. Tiene una longitud de aproximadamente 1.230 kilómetros. Su curso está marcado por numerosos meandros, rápidos, cascadas y gargantas escarpadas. El río Rin ha sido durante siglos una importante vía fluvial para el transporte de mercancías, personas y cultura en Europa. Ha sido un importante corredor comercial y cultural que ha conectado regiones y ciudades a lo largo de su curso. Además, el río Rin es un destino turístico popular, conocido por su belleza natural, sus pintorescos pueblos y sus castillos históricos.

Rinoceronte: El rinoceronte es un mamífero herbívoro de gran tamaño que se caracteriza por su cuerpo robusto, patas cortas y gruesas, y un cuerno distintivo en su hocico. Hay cinco especies de rinocerontes: el rinoceronte blanco y el rinoceronte negro en África, el rinoceronte indio, el rinoceronte de Sumatra y el rinoceronte de Java en Asia. Estos majestuosos animales son muy importantes en sus ecosistemas. Son herbívoros, lo que significa que se alimentan principalmente de plantas. Su dieta incluye una variedad de vegetación, desde hierbas hasta arbustos y ramas de árboles. Al consumir esta vegetación, ayudan a controlar su crecimiento, a mantener la biodiversidad en los hábitats donde viven y a la dispersión de semillas.

Río: Un río es una corriente natural de agua que fluye en una dirección definida hacia un cuerpo de agua más grande, como otro río, un lago, un mar o un océano. Generalmente tienen su origen en áreas montañosas o elevadas, donde el agua de lluvia, la nieve derretida o los manantiales alimentan arroyos y riachuelos que eventualmente se unen para formar un río más grande. Los ríos pueden recibir agua de otros cuerpos de agua más pequeños llamados afluentes, que se unen al río principal a lo largo de su curso. Estos afluentes pueden aumentar el caudal y la longitud del río principal. Desempeñan diversas funciones importantes en los ecosistemas y en la sociedad humana. Proporcionan agua potable, riego para la agricultura, hábitats para la vida silvestre, rutas de transporte y recreación, y son una fuente de energía hidroeléctrica.

Rocas: Las rocas son formaciones sólidas de minerales y otros materiales que se encuentran en la corteza terrestre. Hay tres tipos principales de rocas en función de cómo se formaron: *Rocas ígneas:* Formadas por la solidificación y enfriamiento de magma o lava. Ejemplos incluyen granito, basalto y riolita. *Rocas sedimentarias:* Formadas por la acumulación y consolidación de sedimentos, como arena, limo y arcilla, a lo largo del tiempo. Ejemplos incluyen arenisca, lutita y conglomerado. *Rocas metamórficas:* Formadas por la transformación de rocas preexistentes debido a la presión, la temperatura y la actividad química sin llegar a fundirse completamente. Ejemplos incluyen pizarra, mármol y gneis. Se forman a través de procesos geológicos como la cristalización, la compactación, la cementación, la erosión, la deposición, la metamorfosis y la deformación. Estos procesos pueden ocurrir en la superficie de la Tierra (procesos exógenos) o en el interior de la Tierra (procesos endógenos). Tienen una variedad de usos en la construcción, la fabricación de materiales de construcción, la industria manufacturera, la joyería, la agricultura, la minería y la geología. Son una parte fundamental de la infraestructura y la economía de la sociedad humana.

Rockies: Las Montañas Rocosas (en inglés, Rocky Mountains o Rockies) son una cadena montañosa que se extiende por América del Norte, desde Canadá hasta Nuevo México en Estados Unidos. Ofrecen paisajes impresionantes, ecosistemas diversos y son populares para actividades al aire libre. (Ver "Rocosas").

Rocosas: Las Montañas Rocosas son una importante cordillera que se extiende por América del Norte, desde el noroeste de Canadá hasta el suroeste de Estados Unidos, atravesando varios estados y provincias. Se extienden aproximadamente 4.800 kilómetros desde la Columbia Británica en Canadá hasta Nuevo México en Estados Unidos. Atraviesan los estados de Alberta y Columbia Británica en Canadá, y los estados de Montana, Idaho, Wyoming, Colorado, Utah y Nuevo México en Estados Unidos. Son conocidas por sus imponentes picos, profundos cañones, lagos alpinos, ríos sinuosos y una gran diversidad de vida silvestre y ecosistemas. Algunos de los picos más altos de América del Norte se encuentran en las Montañas Rocosas, como el monte Elbert en Colorado y el monte Robson en Columbia Británica. Son una importante fuente de recursos naturales, incluidos minerales, madera, agua dulce y energía hidroeléctrica. También son importantes para la agricultura, el turismo y la recreación al aire libre, lo que contribuye significativamente a la economía de las regiones que las rodean.

Rojo: El Mar Rojo es una extensión de agua salada ubicada entre el noreste de África y la península arábiga. Conocido por sus aguas cristalinas y su biodiversidad única, el Mar Rojo es hogar de una gran variedad de especies marinas. Con una rica historia que abarca civilizaciones antiguas y rutas comerciales clave, este cuerpo de agua ha sido testigo de eventos históricos significativos. Además, el Mar Rojo es famoso por sus arrecifes de coral, incluyendo el famoso

arrecife de coral del Mar Rojo, que atrae a buceadores de todo el mundo. El color rojo es parte del espectro de colores visible y tiene diversas asociaciones culturales y emocionales. En la naturaleza, el Rojo puede representar peligro, pasión y vitalidad.

Roma: Roma, la capital de Italia, es conocida por su rica historia que abarca desde la antigüedad hasta la actualidad. Fue fundada en el siglo VIII a.C. y se convirtió en la capital del poderoso Imperio Romano. Durante siglos, Roma fue el centro político, cultural y económico del mundo occidental. Sus monumentos antiguos, como el Coliseo, el Foro Romano y el Panteón, son testigos de su glorioso pasado. Roma es una ciudad impregnada de cultura y patrimonio.

Rosa: La rosa es una de las flores más conocidas y populares en todo el mundo, apreciada por su belleza, fragancia y simbolismo. La rosa es una flor perteneciente al género Rosa, que incluye cientos de especies y miles de variedades híbridas. Las rosas se caracterizan por sus pétalos suaves y aterciopelados, que pueden variar en color desde el blanco, amarillo y rosa hasta el rojo, naranja y púrpura. Muchas variedades también tienen espinas a lo largo de los tallos. Las rosas son cultivadas en todo el mundo en jardines, viveros y granjas especializadas en floricultura. Es un símbolo de amor, belleza y romanticismo en muchas culturas. Se regala comúnmente como muestra de afecto en ocasiones especiales. Además de su uso como flor ornamental y regalo, las rosas también tienen usos culinarios, medicinales y cosméticos. Los pétalos de rosa se utilizan para hacer infusiones, mermeladas, jarabes y aceites esenciales que se utilizan en la cocina, la medicina herbal y la cosmética.

Rubí: El rubí es una piedra preciosa de color rojo intenso. Es una variedad de la gema mineral conocida como corindón, que es una forma cristalina de óxido de aluminio. El rubí es conocido por su característico color rojo intenso, que se debe a la presencia de trazas de cromo en la estructura cristalina del corindón. Puede variar en tonalidad, desde un rojo rosado hasta un rojo púrpura profundo. Los rubíes se encuentran en depósitos aluviales y rocosos en varias partes del mundo, incluidos Myanmar (Birmania), Tailandia, Sri Lanka, India, Mozambique, Tanzania, Madagascar y Vietnam. Algunos de los rubíes más famosos y valiosos provienen de Myanmar, particularmente de la región de Mogok. Se ha utilizado durante siglos en la fabricación de joyas, incluidos anillos, collares, pendientes y brazaletes.

Rusia: Rusia es el país más grande del mundo en términos de área terrestre, y también uno de los más influyentes en la historia, la cultura y la política global. Limita con varios países, incluidos Noruega, Finlandia, Estonia, Letonia, Bielorrusia, Ucrania, Georgia, Azerbaiyán, Kazajistán, Mongolia, China y Corea del Norte, entre otros. La capital de Rusia es Moscú, que también es la ciudad más grande del país y un importante centro político, económico y cultural. Rusia tiene una historia rica y compleja que se remonta a siglos atrás. Fue el hogar de la civilización eslava oriental, y a lo largo de los siglos experimentó la influencia de diversas culturas y civilizaciones, incluidas la bizantina, la mongola y la europea occidental. El Imperio Ruso se expandió y se convirtió en una de las potencias más grandes del mundo, y más tarde fue sucedido por la Unión Soviética. Tras la disolución de la Unión Soviética en 1991, Rusia se convirtió en una república independiente. Es conocida por su vasto territorio que abarca una variedad de paisajes, desde las vastas llanuras de Siberia hasta las montañas del Cáucaso y los densos bosques de taiga. Tiene una amplia costa en el océano Ártico y el océano Pacífico, así como numerosos ríos y lagos, incluido el lago Baikal, el lago más profundo y antiguo del mundo. La cultura rusa es rica y diversa, con contribuciones significativas en campos como la literatura, la música, la danza, la arquitectura y las artes visuales. Grandes figuras de la literatura rusa incluyen a Tolstói,

Dostoyevski y Chejov, mientras que compositores como Tchaikovsky y Rachmaninoff son mundialmente famosos. La arquitectura rusa incluye monumentos como la Catedral de San Basilio, el Kremlin de Moscú, Plaza Roja, el Teatro Bolshói, la Catedral de Kazán y el Monasterio Novodévichi, entre otros.

Sacramento: El río Sacramento se encuentra en el norte de California y fluye desde la Cordillera de las Cascadas hasta el delta del río Sacramento en el Golfo de San Francisco. Es vital para la agricultura, el suministro de agua potable, la recreación y la vida silvestre en California. Sus aguas alimentan el fértil Valle Central de California, conocido como uno de los principales productores agrícolas del mundo. Posee una rica diversidad de vida silvestre, incluidas especies como el salmón chinook y la trucha arcoíris. También es un importante hábitat para aves migratorias y especies acuáticas.

Sahara: El Sahara es el desierto caliente más grande del mundo, ubicado en el norte de África y abarcando partes de varios países, incluyendo Marruecos, Argelia, Túnez, Libia, Egipto, Mauritania, Mali, Níger, Chad y Sudán. El Sahara es conocido por su clima árido y extremadamente cálido, con temperaturas diurnas que pueden superar los 50 grados Celsius en algunas áreas. Las precipitaciones son escasas y es común que pasen años sin lluvia en algunas regiones. Sin embargo, el clima puede variar según la ubicación y la temporada. A pesar de las duras condiciones, el Sahara alberga una variedad de vida vegetal y animal adaptada al desierto. Se pueden encontrar plantas como el árbol de acacia y la palmera datilera, así como animales como el dromedario, el escorpión, el chacal, el zorro del desierto y diversas especies de aves y reptiles. El Sahara tiene una rica historia que se remonta a miles de años, con evidencia de asentamientos humanos, rutas comerciales transaharianas y antiguas civilizaciones como los egipcios, los bereberes y los tuareg. El desierto ha sido un importante centro de intercambio cultural y comercial a lo largo de la historia.

Salton: El Mar de Salton, ubicado en el sur de California, es un lago endorreico que se formó accidentalmente en 1905, resultado de una ruptura en un canal de irrigación que desvió el agua del río Colorado, permitiendo que una gran cantidad de agua fluyera hacia el Valle de Imperial. Durante dos años, el agua del río Colorado se desvió hacia la zona baja del desierto de Salton, creando un lago temporal. Sin embargo, el lago no se secó como se esperaba, y se convirtió en un cuerpo de agua permanente. El Mar Salton tiene una superficie de aproximadamente 975 kilómetros cuadrados, lo que lo convierte en uno de los lagos más grandes de California. A diferencia de la mayoría de los lagos, el Mar Salton tiene un alto contenido de salinidad, con niveles que superan con creces los de los océanos. Esto se debe a su origen en un lecho de sal y minerales disueltos en el suelo del desierto de Salton. Además, la falta de salida natural hace que la salinidad se acumule con el tiempo.

Santorini: Santorini es una isla volcánica ubicada en el Mar Egeo, en Grecia, y es parte del archipiélago de las Cícladas. Es conocida por su impresionante paisaje formado por la caldera volcánica, resultado de una serie de erupciones volcánicas a lo largo de los siglos. La isla misma es parte de lo que queda del borde sumergido de un volcán anterior que explotó y colapsó, creando la caldera en la que se encuentra hoy en día. La isla también alberga importantes lugares arqueológicos, como la antigua ciudad de Akrotiri. Tiene un paisaje único, con acantilados escarpados, casas blancas y azules en lo alto de los acantilados, playas de arena negra y roja, y aguas cristalinas del Mar Egeo. Los pueblos más famosos de la isla incluyen Fira, Oia, y Thira, que

ofrecen impresionantes vistas de la caldera y el atardecer. La isla ha sido habitada por varias civilizaciones a lo largo de los siglos, incluidos los minoicos, los griegos, los romanos y los venecianos. Su historia está marcada por la influencia de estas diferentes culturas, lo que se refleja en su arquitectura, arte y tradiciones.

Selkirk: Selkirk es una ciudad en Manitoba, Canadá. Está situada en la confluencia de los ríos Red y Assiniboine. Su historia se remonta al siglo XIX, cuando fue establecida como un puesto comercial de la Compañía de la Bahía de Hudson en 1812. La ciudad es conocida por sus industrias relacionadas con el procesamiento de alimentos, la fabricación de productos de madera y la construcción naval. Selkirk cuenta con el Museo de Selkirk, que presenta la historia y la cultura de la región, y el Parque Waterfront, donde se puede disfrutar de las vistas del río Red.

Sena: El Sena es un río importante de Francia que fluye a través del centro de París y desemboca en el Canal de la Mancha. El río tiene una longitud de aproximadamente 777 kilómetros, lo que lo convierte en uno de los principales ríos de Francia. Se origina en la meseta de Langres, en el este de Francia, y fluye en dirección oeste a través de ciudades como Troyes, Auxerre y Fontainebleau antes de llegar a París. En la capital francesa, el Sena serpentea a través del corazón de la ciudad, dividiéndola en dos orillas y pasando por lugares emblemáticos como la Torre Eiffel, la Catedral de Notre-Dame y el Louvre. Ha sido una fuente de inspiración para artistas, escritores y poetas a lo largo de los siglos, y sus orillas albergan numerosos monumentos históricos y museos. Además, el río ha sido vital para el comercio y el transporte, facilitando el movimiento de bienes y personas a lo largo del tiempo.

Sextante: Un sextante es un instrumento de navegación utilizado para medir la altura angular de objetos celestes sobre el horizonte, es decir, permite determinar la posición de un barco en el mar mediante la observación del Sol, la Luna, las estrellas y los planetas, en relación con el horizonte. El sextante fue desarrollado a finales del siglo XVII como una mejora de los anteriores instrumentos de navegación, como el astrolabio y el cuadrante. Su invención se atribuye al científico inglés John Hadley y al matemático Thomas Godfrey, quienes lo patentaron de forma independiente en 1731. El sextante se convirtió rápidamente en el instrumento preferido para la navegación marítima y jugó un papel crucial en la exploración y el comercio marítimo durante los siglos XVIII y XIX. Hoy en día, ha sido reemplazado en gran medida por tecnologías más modernas, como el GPS, pero su importante legado perdura en la historia.

Sicilia: Sicilia es la isla más grande del mar Mediterráneo y una región autónoma de Italia. está ubicada en el extremo sur de Italia y es separada del continente por el estrecho de Mesina. Está rodeada por el mar Tirreno, el mar Mediterráneo y el mar Jónico. La isla cuenta con una geografía diversa que incluye montañas, llanuras fértiles, costas escarpadas y numerosos volcanes, siendo el Etna el más grande y activo de Europa. Ha sido habitada por diversas civilizaciones, incluidos los fenicios, griegos, romanos, bizantinos, árabes, normandos y españoles, entre otros. Esta rica herencia cultural se refleja en la arquitectura, el arte, la gastronomía y las tradiciones de la isla. Destacan antiguas ruinas griegas y romanas, como el Valle de los Templos en Agrigento y el Teatro Griego de Taormina. También las hermosas playas de la costa siciliana o sus encantadores pueblos y ciudades como Palermo, Catania y Siracusa. La economía de Sicilia se basa en la agricultura, el turismo, la pesca y la industria manufacturera. La isla es conocida por sus productos agrícolas, como cítricos, aceitunas, vino y pistachos.

Sidney: Sídney es la ciudad más grande y poblada de Australia, situada en la costa sureste del país, en el estado de Nueva Gales del Sur, a lo largo del puerto de Sídney y las orillas del río Parramatta. La ciudad está rodeada por el Océano Pacífico al este y por una serie de parques nacionales y áreas naturales al oeste. Es una ciudad diversa y multicultural, hogar de personas de diversas nacionalidades y culturas. Sídney es famosa por sus iconos arquitectónicos y naturales, incluida la Ópera de Sídney. Otros lugares emblemáticos incluyen el Sydney Harbour Bridge, el Jardín Botánico Real, la Torre de Sídney (Sydney Tower Eye), el puerto se Sídney y la playa de Bondi. Es el principal centro económico de Australia y un importante centro financiero y comercial en toda la región del Pacífico. Es conocida por su estilo de vida al aire libre, con una gran cantidad de parques, playas y áreas recreativas.

Sierra Madre: La Sierra Madre es una extensa cadena montañosa que recorre gran parte de México, desde el norte hasta el sur del país y se extiende a lo largo de la costa occidental de México. Estas cadenas montañosas forman parte de la Cordillera Americana, que se extiende desde América del Norte hasta América del Sur. La Sierra Madre es conocida por su terreno montañoso y su paisaje diverso, que incluye picos escarpados, valles profundos, cañones, ríos y bosques tropicales. Ha sido habitada por diversas culturas indígenas a lo largo de la historia, incluidos los tarahumaras, huicholes, mixtecos y zapotecas, entre otros. Estas comunidades han desarrollado una rica herencia cultural, con tradiciones, idiomas, artesanías y ceremonias únicas. Además, la Sierra Madre ha sido escenario de importantes eventos históricos, como la Revolución Mexicana.

Sierra Nevada: La Sierra Nevada es una prominente cadena montañosa ubicada en el estado de California, en la costa oeste de los Estados Unidos. se extiende en dirección norte-sur a lo largo de aproximadamente 640 kilómetros, desde el sur de California hasta el norte de Nevada. Es una de las principales características geográficas del estado de California y está ubicada al este de la región costera y las ciudades de San Francisco y Los Ángeles. es conocida por sus picos escarpados, valles profundos, lagos alpinos y vastos bosques de coníferas. La montaña más alta de la Sierra Nevada es el Monte Whitney, que alcanza una altitud de 4.421 metros sobre el nivel del mar. Otros picos destacados incluyen el Monte Shasta, el Monte Ritter y el Monte Muir. La región alberga una rica biodiversidad de flora y fauna, con numerosas especies endémicas, como el oso negro, el puma, el ciervo mulo y la trucha dorada de California. La Sierra Nevada es hogar de varios parques nacionales y áreas protegidas, incluyendo el Parque Nacional de Yosemite, el Parque Nacional de las Secuoyas Gigantes y el Parque Nacional de Kings Canyon. También destaca el lago Tahoe en sus cercanías.

Simpson: El Desierto Simpson es uno de los desiertos más grandes de Australia. Se extiende al sureste del lago Eyre, que es el lago salado más grande de Australia, y está delimitado por la Cordillera MacDonnell al oeste y la región de Channel Country al este. Se caracteriza por su paisaje arenoso y dunas de arena roja, algunas de las cuales alcanzan alturas de hasta 40 metros. Estas dunas son conocidas como las "Dunas Simpson" y son una de las características más distintivas de la región. También hay llanuras de sal, lagos salados temporales y arbustos dispersos. Las condiciones extremas del desierto hacen que la vida vegetal y animal sea escasa y adaptada a las condiciones adversas. El Desierto Simpson es parte de la tierra tradicional de varios grupos aborígenes, incluidos los Arrernte, Pitjantjatjara, Wangkangurru y Adnyamathanha. Estas comunidades tienen una rica historia y cultura que está estrechamente ligada a la tierra y los recursos naturales del desierto.

Sismo: Un sismo, también conocido como terremoto, es un fenómeno natural que ocurre cuando se libera energía acumulada en la corteza terrestre, causando vibraciones o movimientos en la superficie de la Tierra. Esta liberación de energía puede ser el resultado de la actividad tectónica, como el deslizamiento de las placas tectónicas, la actividad volcánica o el colapso de cavernas subterráneas. Los sismos pueden tener consecuencias significativas, y la sismología es la rama de la geofísica que estudia estos eventos. La magnitud de un sismo se mide utilizando diversas escalas, siendo la más común la escala de Richter. Estas escalas asignan un número único al sismo en función de la cantidad de energía liberada durante el evento. Los efectos de un sismo dependen de varios factores, incluida la magnitud del sismo, la profundidad del foco sísmico y la distancia al epicentro.

Sonora: El Desierto de Sonora es una extensa región desértica que abarca partes del suroeste de los Estados Unidos (principalmente en el estado de Arizona) y el noroeste de México (principalmente en los estados de Sonora y Baja California). Está compuesto por una combinación de llanuras, mesetas, cañones y montañas, con altitudes que varían desde el nivel del mar hasta más de 2.600 metros en algunas áreas. La región del Desierto de Sonora se caracteriza por su terreno árido y su clima extremadamente seco. A pesar de las duras condiciones del desierto, el Desierto de Sonora alberga una sorprendente variedad de vida vegetal y animal adaptada a la aridez. Entre la flora se encuentran cactáceas, como el saguaro y el cactus de barril, y arbustos resistentes, como el creosote y la gobernadora. En cuanto a la fauna, se pueden encontrar una variedad de reptiles, aves, mamíferos y especies endémicas, como el puma, el coyote, el búho y el gato montés.

Sudáfrica: Sudáfrica es un país en el extremo sur de África, conocido por su diversidad étnica y geográfica. La Ciudad del Cabo y Johannesburgo son importantes centros urbanos. Sudáfrica es conocida por su diversidad cultural, que refleja la convivencia de diferentes grupos étnicos, incluyendo africanos negros, blancos de ascendencia europea, asiáticos e isleños. Esta diversidad se refleja en sus idiomas, tradiciones, religiones y gastronomía. Sudáfrica es conocida por su belleza natural, que incluye una amplia variedad de paisajes, desde las montañas y viñedos de la región de Western Cape hasta las vastas llanuras del Parque Nacional Kruger, que alberga una gran cantidad de vida salvaje, incluyendo leones, elefantes, búfalos, leopardos y rinocerontes.

Sudán: Sudán es un país en el noreste de África, conocido por su rica y antigua historia que se remonta a las civilizaciones del Valle del Nilo, incluidos los reinos de Kush y Meroe, que florecieron hace miles de años. Estas civilizaciones dejaron un legado significativo de arquitectura, arte y cultura. El río Nilo fluye a través del país, desempeñando un papel crucial en su geografía. Con la capital Jartum, Sudán ha experimentado cambios políticos y sociales a lo largo de los años incluida la guerra civil entre el norte árabe y el sur no árabe, que condujo a la secesión de Sudán del Sur en 2011.

Sudetes: Las Montañas de los Sudetes son una cadena montañosa que se extiende a lo largo de la frontera entre la República Checa y Polonia, y en menor medida, en Alemania. Forman una frontera natural entre la República Checa y Polonia. El punto más alto de los Sudetes es la montaña Snezka con una altitud de aproximadamente 1.602 metros. Experimentan un clima variado, con inviernos fríos y nevados, y veranos moderados. La región montañosa recibe una cantidad significativa de precipitación, lo que contribuye a la formación de ríos y arroyos que descienden de las montañas. Las Montañas de los Sudetes son conocidas por su belleza natural, con paisajes impresionantes que incluyen bosques, prados alpinos, cascadas y lagos de montaña.

La región alberga una diversidad de flora y fauna, incluidas especies de plantas y animales adaptadas a las condiciones montañosas. Estas montañas han sido habitadas por diversas culturas a lo largo de los siglos, incluidos checos, polacos, alemanes y silesianos. La región ha sido testigo de conflictos históricos y cambios de fronteras a lo largo del tiempo, lo que ha dejado una huella en su paisaje cultural y arquitectónico.

Sumatra: Sumatra es una isla ubicada en el oeste de Indonesia y la sexta isla más grande del mundo. Se encuentra en el archipiélago de Indonesia, al oeste de la isla de Java y al este de la isla de Borneo. Es una isla montañosa y volcánica con una geografía variada que incluye llanuras costeras, selvas tropicales, montañas y valles fértiles. La cordillera Barisan atraviesa la isla de norte a sur y está flanqueada por volcanes activos, algunos de los cuales alcanzan altitudes de más de 3.000 metros. Alberga una biodiversidad excepcionalmente rica, con una gran variedad de especies de flora y fauna, muchas de las cuales son endémicas de la isla. Es conocida por ser el hogar de diversas especies, como el orangután de Sumatra, el rinoceronte de Sumatra, el tigre de Sumatra y el elefante de Sumatra, entre otros. También es hogar de diversas comunidades étnicas y culturales, incluidos los batak, minangkabau, acehneses y malayos. Cada grupo étnico tiene su propio idioma, tradiciones, música, danza y cocina distintivos. La isla también tiene una rica historia marcada por el comercio marítimo y la influencia colonial.

Sumatra es una isla en Indonesia, conocida por su biodiversidad única y su historia cultural. Hogar de especies en peligro de extinción como el orangután, Sumatra atrae a los amantes de la naturaleza y es parte del cinturón de fuego del Pacífico, lo que la hace propensa a la actividad sísmica y volcánica.

Tambora: El volcán Tambora es un estratovolcán activo ubicado en la isla de Sumbawa, Indonesia. Está situado en el llamado "Anillo de Fuego del Pacífico", una zona de intensa actividad sísmica y volcánica. Es conocido por haber tenido una de las erupciones más grandes registradas en la historia moderna, en 1815, que tuvo impactos globales en el clima y la agricultura. Con una altura de aproximadamente 2.722 metros sobre el nivel del mar, el volcán Tambora es uno de los volcanes más altos de Indonesia y el segundo pico más alto de la cadena montañosa de las islas menores de la Sonda. Aunque el volcán Tambora es considerado activo, ha estado relativamente inactivo desde su última erupción en 1815.

Támesis: El río Támesis es uno de los ríos más importantes de Inglaterra. Fluye a través del sur de Inglaterra, desde su origen en los Cotswolds, Gloucestershire, hasta su desembocadura en el estuario del Támesis, en el mar del Norte. Tiene una longitud total de aproximadamente 346 kilómetros, lo que lo convierte en el río más largo de Inglaterra. Pasa por varias ciudades importantes, incluyendo Oxford, Reading, Windsor, Londres y Gravesend. El río Támesis ha desempeñado un papel crucial en la historia y el desarrollo de Inglaterra, desde la época romana hasta la actualidad. Ha sido una ruta comercial importante, facilitando el comercio y el transporte de bienes y personas desde el interior hasta el mar. Londres, ubicada en el Támesis, se convirtió en un centro comercial y cultural vital gracias a la accesibilidad que proporcionaba el río. A lo largo del Támesis se encuentran una variedad de hábitats acuáticos y terrestres, que sustentan una rica diversidad de flora y fauna. Se pueden encontrar especies de peces como la trucha, el salmón y la anguila, así como aves acuáticas como el martín pescador y el cisne.

Tasmania: Tasmania se encuentra al sur de Australia, separada del continente por el estrecho de Bass. Es la isla más grande de Australia y está rodeada por el mar de Tasmania al este y el sur, y

el estrecho de Bass al norte. La isla alberga una variedad de ecosistemas, incluidos bosques templados, montañas, ríos, lagos y parques nacionales. La vida silvestre de Tasmania es única, con especies como el demonio de Tasmania, el wombats, el wallaby, el equidna y una variedad de aves y marsupiales endémicos. Con parques nacionales como el Parque Nacional de Cradle Mountain-Lake St Clair, es un destino perfecto para actividades al aire libre. Tiene una rica historia aborigen, con una presencia humana que se remonta más de 35.000 años. Los aborígenes tasmanios, conocidos como palawa, tenían una cultura rica y diversa. La historia colonial de Tasmania está marcada por la colonización británica. La isla tiene una mezcla única de influencias culturales aborígenes, británicas y europeas.

Tauro: Tauro es una constelación del zodíaco que se encuentra en el hemisferio norte celestial, cerca de las constelaciones de Orión, Auriga y Géminis. Es una de las constelaciones más fáciles de reconocer en el cielo nocturno debido a su forma distintiva de "V" invertida, que representa los cuernos del toro. Las estrellas más brillantes de la constelación de Tauro incluyen Aldebarán, una gigante roja que marca el ojo del toro, y las estrellas Beta Tauri (Elnath) y Gamma Tauri (Hyadum I), que forman parte de los cuernos del toro. Es conocida por albergar varios cúmulos estelares y nebulosas prominentes, como el cúmulo estelar de las Pléyades, también conocido como las Siete Hermanas, que es visible a simple vista como un grupo de estrellas brillantes. Esta constelación tiene sus raíces en la mitología griega, donde se asocia con el toro que fue enviado por el dios Zeus para raptar a Europa, una princesa fenicia. La historia relata cómo Zeus tomó la forma de un toro blanco y secuestró a Europa, llevándola a la isla de Creta. La constelación de Tauro representa este toro mitológico.

Teide: El Teide es un volcán ubicado en la isla de Tenerife, en las Islas Canarias, España. Con una altura de 3.718 metros sobre el nivel del mar, el Teide es el pico más alto de España y el tercer volcán más grande del mundo desde su base en el lecho oceánico. Es un estratovolcán activo que forma parte del Parque Nacional del Teide, declarado Patrimonio de la Humanidad. El volcán está compuesto principalmente de rocas volcánicas como basalto y fonolita. El Parque Nacional del Teide es uno de los parques nacionales más visitados de Europa y ofrece una variedad de paisajes volcánicos únicos, incluyendo campos de lava, cráteres, conos volcánicos y formaciones rocosas peculiares. También alberga una rica biodiversidad de flora y fauna adaptadas a las duras condiciones volcánicas. La estación base del teleférico del Teide ofrece a los visitantes la oportunidad de ascender al cercano mirador de La Rambleta, a una altitud de 3.555 metros sobre el nivel del mar.

Teodolito: Un teodolito es un instrumento de medición utilizado en topografía y geodesia para medir ángulos horizontales y verticales con gran precisión. Consiste en un telescopio montado sobre un trípode, equipado con círculos graduados y vernieres para lecturas exactas. Los teodolitos son esenciales en la elaboración de mapas, la construcción y la ingeniería civil.

Thar: El desierto Thar, también conocido como el Gran Desierto Indio o el desierto del Rajastán, es un vasto desierto ubicado en la región noroeste de la India y en el sureste de Pakistán. es un desierto subtropical que presenta una combinación de dunas de arena, terreno rocoso, llanuras áridas y colinas bajas. Aunque es principalmente un desierto de arena, también tiene áreas de vegetación dispersas, incluyendo arbustos espinosos y matorrales. Aunque árido, el Thar alberga una rica biodiversidad y comunidades que han adaptado sus vidas a este entorno desafiante. La región es famosa por sus dunas de arena y la cultura vibrante de la gente del desierto. A pesar de su apariencia árida, el desierto Thar alberga una variedad de vida silvestre adaptada a las

duras condiciones del desierto. Entre los animales que se encuentran en la región se incluyen el leopardo de la India, el gato de la jungla, el nilgó, el ciervo almizclero, el chacal dorado, el zorro del desierto y una variedad de reptiles y aves. Está habitado por una población considerable, compuesta principalmente por comunidades rurales que dependen de la agricultura de secano y la cría de ganado para su subsistencia.

Tiburón: Los tiburones son un grupo diverso de peces cartilaginosos que pertenecen al orden Selachimorpha. Los tiburones tienen un cuerpo hidrodinámico, que les permite moverse eficientemente en el agua. Tienen esqueletos cartilaginosos en lugar de huesos y están cubiertos por una piel áspera y rugosa. Poseen aletas pectorales grandes que les otorga estabilidad y aletas dorsales que les ayudan a mantener la dirección mientras nadan. Además, tienen varias filas de dientes afilados que están constantemente reemplazándose a medida que se desgastan. Los tiburones se encuentran en todos los océanos del mundo, desde aguas tropicales hasta polares, y desde la superficie hasta las profundidades abisales. Pueden encontrarse en una variedad de hábitats marinos, incluyendo arrecifes de coral, aguas costeras, aguas profundas y mar abierto. Son depredadores oportunistas y su dieta puede variar dependiendo de la especie y del hábitat en el que viven. Muchos tiburones son carnívoros y se alimentan de una variedad de presas, incluyendo peces, calamares, crustáceos, mamíferos marinos e incluso otros tiburones más pequeños. La reproducción de los tiburones puede variar entre especies, pero en general, la mayoría de los tiburones son ovovivíparos, lo que significa que los huevos se desarrollan y eclosionan dentro del cuerpo de la hembra y las crías nacen vivas. Algunas especies son ovíparas, poniendo huevos externamente, mientras que otras son vivíparas, donde las crías se desarrollan dentro de la hembra sin un huevo externo.

Tierra: La Tierra es el tercer planeta del sistema solar en orden de distancia al Sol. Es un planeta rocoso con una superficie sólida compuesta en su mayoría de rocas y minerales. Tiene una atmósfera formada principalmente de nitrógeno y oxígeno, que es vital para sostener la vida tal como la conocemos. La Tierra está compuesta por varias capas concéntricas, que incluyen la corteza, el manto, el núcleo externo y el núcleo interno. Experimenta una serie de movimientos y procesos dinámicos, incluida la tectónica de placas, que son los responsables de la formación de montañas, volcanes y terremotos, así como otros procesos que son fundamentales para dar forma al paisaje terrestre. La diversidad de vida en la Tierra es asombrosa, con millones de especies diferentes, incluidas plantas, animales, hongos y microorganismos. Esta biodiversidad es crucial para mantener los ecosistemas saludables y equilibrados. La Tierra proporciona una variedad de recursos naturales vitales para la vida humana y el desarrollo, como minerales, metales, combustibles, agua dulce y tierras de cultivo. También alberga una amplia variedad de hábitats y ecosistemas, desde desiertos áridos hasta selvas tropicales exuberantes, que sustentan toda una diversidad de vida. La Tierra es uno de los cuatro elementos naturales tradicionales en la cosmología occidental, junto con el aire, el agua y el fuego. En esta cosmología, la Tierra representa la solidez, la estabilidad y la materia.

Tigre: El tigre (Panthera tigris) es una de las especies de felinos más grandes y reconocidas del mundo. Son importantes depredadores en los ecosistemas donde habitan, desde bosques hasta manglares. Habitualmente, se encuentran en diversas regiones de Asia, desde las selvas de la India hasta las taigas de Rusia. Prefieren hábitats variados como bosques densos, selvas tropicales y pantanos. Son cazadores solitarios y depredadores expertos. Son carnívoros y tienen una anatomía adaptada para la caza. Grandes, musculosos y ágiles, con patas delanteras

poderosas y garras retráctiles afiladas. Cazan gran variedad de presas, incluyendo ciervos, jabalíes, búfalos y otros mamíferos de tamaño mediano o grande. Son cazadores sigilosos y poderosos, capaces de acechar a sus presas durante largos períodos antes de lanzar un ataque. Les distingue su pelaje rayado que les proporciona camuflaje en su entorno natural. Éstas rayas son únicas, pues ningún tigre tiene el mismo patrón.

Tigris: El río Tigris es uno de los ríos más importantes del suroeste de Asia y de la histórica Mesopotamia. Tiene su origen en las montañas de Turquía oriental y fluye hacia el sureste a través de Irak, donde se une al río Éufrates para formar el Shatt al-Arab, que desemboca en el Golfo Pérsico. El Tigris tiene una longitud de aproximadamente 1.850 kilómetros. El Tigris ha sido una fuente vital de agua y vida para las civilizaciones que han habitado sus riberas a lo largo de la historia. Ha sido el hogar de antiguas civilizaciones como la sumeria, la asiria y la babilónica, cuyas ciudades se desarrollaron a lo largo de sus orillas. La región que rodea el Tigris es conocida como la cuna de la civilización debido a la importancia de estas antiguas culturas. Tiene una importancia histórica significativa, ya que fue el corazón de varias civilizaciones antiguas, incluidas las de los sumerios, asirios y babilonios. Actualmente, el Tigris es vital para el suministro de agua en la región. Además, ha sido utilizado históricamente como una importante vía fluvial para el transporte de bienes y personas.

Timor: Timor es una isla ubicada en el sureste de Asia, dividida en dos partes principales: Timor Occidental, que forma parte de Indonesia, y Timor Oriental, un país independiente. La isla es conocida por su diversidad cultural y paisajes naturales. Sus paisajes contienen desde montañas escarpadas hasta playas tropicales. Timor tiene una cultura rica y diversa, influenciada por las tradiciones indígenas, el colonialismo portugués y la vecina Indonesia.

Tokio: Tokio es la capital de Japón y una de las ciudades más grandes y pobladas del mundo. Está ubicada en la región de Kanto, en la isla de Honshu, en la parte central de Japón. Es atravesada por varios ríos, incluidos el río Sumida y el río Tama, y tiene acceso al océano Pacífico a través de la bahía de Tokio. La región de Tokio ha estado habitada desde tiempos prehistóricos, con evidencia de asentamientos humanos que datan de hace miles de años. En 1868, el emperador Meiji trasladó la sede del gobierno de Kioto a Tokio. Este cambio marcó el comienzo de la era moderna de Tokio como la capital imperial de Japón. A lo largo del siglo XIX y principios del XX, Tokio experimentó un rápido crecimiento y modernización, impulsado por la industrialización y la occidentalización. A partir de la década de 1960, se convirtió en una de las ciudades más modernas y tecnológicamente avanzadas del mundo, con rascacielos, distritos comerciales y centros financieros. Hoy en día es el centro económico y financiero de Japón y uno de los principales centros financieros globales.

Topacio: El topacio es una gema preciosa conocida por su variedad de colores, que van desde tonos dorados hasta azules y rosados. Se encuentra en varios lugares del mundo y ha sido valorado a lo largo de la historia por su belleza. El topacio se utiliza principalmente en joyería, donde se talla en diversas formas y se monta en anillos, pendientes, collares y pulseras. También se puede encontrar en artículos de decoración y objetos de colección.

Tormenta: Una tormenta es un fenómeno atmosférico caracterizado por fuertes vientos, lluvias intensas, rayos y truenos. Las tormentas se forman cuando hay una combinación de factores atmosféricos, como la humedad, la inestabilidad atmosférica, el calor y la convergencia de masas de aire. Estos factores pueden dar lugar a la formación de nubes de tormenta, como las nubes

cumulonimbus, que son las más comunes asociadas con las tormentas severas. Las tormentas pueden variar en intensidad y duración, y hay varios tipos de tormentas, que van desde las tormentas eléctricas comunes hasta los fenómenos más extremos como los huracanes, los tifones, los ciclones y las tormentas de nieve. Las tormentas eléctricas son las más frecuentes y están acompañadas por rayos y truenos. Los huracanes, tifones y ciclones son tormentas tropicales extremadamente poderosas que se forman sobre océanos cálidos.

Tornado: Un tornado es un fenómeno meteorológico extremo caracterizado por una columna de aire en rotación que se extiende desde una nube de tormenta hasta la superficie de la Tierra. Un tornado típico tiene una forma de embudo que se extiende desde la base de una nube de tormenta hasta el suelo. La parte superior del embudo está conectada a la nube madre, mientras que la parte inferior toca el suelo. La velocidad del viento en un tornado puede variar ampliamente, desde unos pocos kilómetros por hora hasta más de 400 kilómetros por hora en los tornados más poderosos. Los meteorólogos utilizan una variedad de herramientas y tecnologías para predecir y monitorear los tornados, incluidos radares meteorológicos Doppler, imágenes de satélite y observaciones de campo.

Toronto: Toronto está ubicada en la orilla noroeste del lago Ontario, en el sureste de Canadá. Es parte de la región conocida como Golden Horseshoe, que es la zona más poblada de Canadá y una de las más densamente pobladas de América del Norte. Toronto es la ciudad más grande de Canadá y un importante centro financiero y cultural. Situada en la provincia de Ontario. Toronto es un importante centro financiero y comercial a nivel nacional e internacional. Toronto es conocida por su diversidad étnica, rascacielos impresionantes como la CN Tower y lugares emblemáticos como el Museo Real de Ontario. La ciudad alberga una próspera escena artística y gastronómica.

Tulipán: El tulipán es una flor bulbosa hermosa y colorida que pertenece al género Tulipa, dentro de la familia de las liliáceas. Los tulipanes son originarios de regiones de Europa y Asia, especialmente de Turquía, donde crecen de forma silvestre en estado natural. Fueron introducidos en Europa occidental en el siglo XVI y desde entonces han sido cultivados y apreciados por su belleza. Son conocidos por sus brillantes y vistosos pétalos en forma de copa que pueden ser de una amplia variedad de colores, incluyendo rojo, amarillo, blanco, rosa, naranja y púrpura, entre otros. Hay miles de variedades de tulipanes, que difieren en tamaño, forma y color de flor, así como en altura de la planta. En algunos lugares, como los Países Bajos y Canadá, se celebran festivales anuales dedicados a los tulipanes, donde se pueden admirar campos enteros de tulipanes en floración

Turquía: Turquía es un país transcontinental que se encuentra entre Europa y Asia. Tiene una historia rica y diversa que se remonta a miles de años. Fue el hogar de civilizaciones antiguas como los hititas, los frigios, los lidios y los bizantinos, entre otros. Más tarde, en el siglo XIII, el Imperio Otomano surgió y se convirtió en una potencia dominante en la región durante varios siglos, extendiéndose por Europa, Asia y África. Turquía es conocida por su diversidad cultural, influenciada por las numerosas civilizaciones que han dejado su huella en el país a lo largo de los siglos. La cultura turca es una mezcla única de tradiciones turcas, persas, griegas, árabes y otomanas, que se refleja en su arquitectura, gastronomía, música, arte y festivales. Cuenta con una variedad impresionante de paisajes naturales, que van desde montañas escarpadas y llanuras fértiles hasta costas espectaculares y desiertos áridos. Algunos de los puntos destacados incluyen la región de Capadocia con sus formaciones rocosas únicas, la costa del mar Egeo con

sus playas de arena dorada y las montañas del este de Anatolia con sus picos nevados. La capital de Turquía es Ankara, pero la ciudad más grande y cosmopolita del país es Estambul, que se encuentra en la frontera entre Europa y Asia y es conocida por sus impresionantes vistas al mar, su rica historia.

Urales: Los Urales son una cadena montañosa que se extiende por el oeste de Rusia, desde el Mar Blanco en el norte hasta el Mar Caspio en el sur. Los Urales forman una frontera natural entre Europa del Este y Asia del Norte, dividiendo Rusia en dos partes: la parte europea al oeste y la parte asiática al este. La longitud total de los Urales es de aproximadamente 2.500 kilómetros. Son conocidos por su belleza natural y su diversidad geográfica. La cadena montañosa está compuesta por una serie de crestas montañosas, valles, mesetas y ríos. El punto más alto de los Urales es el monte Narodnaya, que alcanza una altitud de 1.895 metros. La vegetación es diversa y va desde bosques de coníferas en las zonas más septentrionales hasta estepas y praderas en el sur. Los Urales han sido habitados por diversas culturas y pueblos, incluyendo tribus indígenas como los mari, los udmurtos y los komi. Durante siglos, los Urales son una región económicamente importante para Rusia debido a sus vastos recursos naturales y su industria minera. La región es conocida por sus depósitos de minerales y metales preciosos, así como por su producción de petróleo, gas natural y productos forestales.

Varsovia: Fue fundada en el siglo XIII y se convirtió en la capital de Polonia en 1596. A lo largo de los siglos, ha sufrido numerosos conflictos y guerras, incluidas las invasiones suecas y la devastación durante la Segunda Guerra Mundial, cuando fue casi completamente destruida. Después de la guerra, la ciudad fue meticulosamente reconstruida, conservando su aspecto histórico. El casco antiguo de Varsovia, con su arquitectura medieval y renacentista, fue declarado Patrimonio de la Humanidad en 1980.

Vesubio: El Vesubio se encuentra en la costa occidental de Italia, en la región de Campania, cerca de la ciudad de Nápoles. Es parte de la cadena montañosa de los Apeninos y se eleva a unos 1.281 metros sobre el nivel del mar. El volcán es de tipo estratovolcán, lo que significa que está compuesto por capas alternas de lava endurecida, ceniza y rocas volcánicas. El Vesubio es uno de los volcanes más conocidos del mundo debido su erupción en el año 79 d.C., que sepultó las ciudades romanas de Pompeya y Herculano bajo cenizas y lava. Desde entonces, ha tenido numerosas erupciones, siendo la más reciente en 1944. Aunque el Vesubio está actualmente inactivo, sigue siendo monitoreado de cerca por los vulcanólogos debido a su historial eruptivo.

Victoria: El Desierto de Victoria es uno de los desiertos más áridos del mundo y se extiende por el sureste de Australia. Abarca parte de los estados de Victoria y Australia Meridional. Se caracteriza por su terreno plano y ondulado, así como por su clima extremadamente seco y caluroso. A pesar de su aridez, el desierto alberga una variedad de vida vegetal y animal adaptada a las duras condiciones, incluyendo arbustos espinosos, canguros, emus y serpientes. El Desierto de Victoria también es conocido por sus dunas de arena y formaciones rocosas.

Viento: El viento es el movimiento del aire en la atmósfera de la Tierra, que se produce debido a las diferencias de presión atmosférica causadas por la variación en la temperatura, la topografía y otros factores. Es el resultado del desplazamiento del aire desde áreas de alta presión hacia áreas de baja presión. Esta diferencia de presión puede ser causada por una variedad de factores, como la diferencia de temperatura entre regiones, la rotación de la Tierra, la presencia de montañas y valles, y la interacción entre la atmósfera y los océanos. El viento se mide utilizando

instrumentos llamados anemómetros, que registran la velocidad y la dirección del viento. La velocidad del viento se expresa comúnmente en metros por segundo (m/s), kilómetros por hora (km/h) o millas por hora (mph), mientras que la dirección del viento se expresa en grados, donde 0 grados representa el norte, 90 grados el este, 180 grados el sur y 270 grados el oeste. A nivel global, el viento sigue patrones predecibles debido a la distribución desigual de la radiación solar y la rotación de la Tierra. Esto incluye los vientos alisios en los trópicos, los vientos del oeste en latitudes medias y los vientos polares en altas latitudes. Además, los fenómenos atmosféricos como los frentes, las tormentas y los sistemas de alta y baja presión pueden influir en los patrones locales de viento.

Virgo: Se encuentra en el hemisferio celeste sur y es la segunda constelación más grande del cielo. Virgo es conocida por su estrella principal, Spica, una estrella binaria brillante que destaca en el cielo nocturno. En la mitología griega, Virgo representa a Deméter, la diosa de la cosecha, y se asocia con la fertilidad y la agricultura. La constelación de Virgo es especialmente conocida por albergar la Vía Láctea, la cual atraviesa su parte sur. Además, en Virgo se encuentra la región del cielo conocida como el Cúmulo de Virgo, una concentración de galaxias que incluye a la galaxia de Andrómeda y otras galaxias espirales y elípticas.

Volga: El río Volga es uno de los ríos más importantes y largos de Europa, y es considerado el principal río de Rusia. Fluye a través de varias regiones del país, desde las tierras altas de Valdai hasta el mar Caspio. Con una longitud de aproximadamente 3.531 kilómetros, es el río más largo de Europa. Ha sido una importante vía fluvial para el comercio, el transporte y la comunicación desde la antigüedad. Además, muchas ciudades importantes, como Moscú, Kazán, Nizhni Nóvgorod y Volgogrado, están ubicadas a lo largo de sus orillas. El Volga es vital para la economía rusa, ya que proporciona agua para la agricultura, la generación de energía hidroeléctrica y el transporte de mercancías. Sus afluentes y riberas también son importantes para la pesca, la extracción de recursos naturales y el turismo. El Volga es navegable en gran parte de su curso. Durante siglos, ha sido utilizado para el transporte de mercancías, pasajeros y tropas a lo largo de sus orillas. Hoy en día, el río sigue siendo una importante arteria de transporte en Rusia, con barcos de carga y cruceros turísticos que navegan por sus aguas. El río Volga y su cuenca son ecosistemas vitales que albergan una amplia variedad de vida silvestre, incluidas especies como el esturión beluga y el salmón siberiano.

Yangtsé: El río Yangtsé, también conocido como Chang Jiang en chino, es el río más largo de Asia y el tercero más largo del mundo, después del Nilo y el Amazonas. Se encuentra en el este de China y fluye de oeste a este a través de varias provincias y regiones, desde la meseta tibetana hasta su desembocadura en el mar de China Oriental cerca de Shanghái. Con una longitud de aproximadamente 6.300 kilómetros, ha sido una importante vía fluvial para el comercio, el transporte y la agricultura. Numerosas ciudades importantes, incluidas Chongqing, Wuhan y Nanjing, están ubicadas a lo largo de sus orillas. El Yangtsé es navegable en gran parte de su curso y ha sido una importante vía de transporte desde la antigüedad. Hoy en día, el río sigue siendo una arteria vital para el transporte de mercancías y pasajeros, con una numerosa red de puertos fluviales y barcos que navegan por sus aguas. El Yangtsé y su cuenca albergan una rica biodiversidad, incluidas muchas especies de plantas y animales únicas.

Yellowstone: Yellowstone es un parque nacional ubicado en el noroeste de los Estados Unidos, principalmente en el estado de Wyoming, aunque se extiende también a Montana e Idaho. Yellowstone es conocido por su geología única, que incluye la caldera volcánica más grande de

América del Norte. El parque alberga cientos de géiseres, incluido el famoso Old Faithful, así como aguas termales coloridas, cañones, cascadas, ríos y lagos cristalinos. La vida silvestre es abundante en Yellowstone, con especies emblemáticas como osos, bisontes, alces, lobos y águilas. Yellowstone es un área geotérmicamente activa, con numerosos fenómenos termales que son la evidencia de la actividad volcánica subyacente. El parque ofrece una amplia gama de actividades, que incluyen senderismo, acampada, pesca, observación de vida silvestre, paseos en bote y esquí en invierno.

Zafiro: El zafiro es una variedad de corindón, que es un mineral compuesto principalmente de óxido de aluminio. Su color puede variar desde el azul intenso hasta el azul claro, pero también puede presentar tonos de rosa, amarillo, verde, púrpura y naranja. Los zafiros de color rojo son conocidos como rubíes, mientras que los zafiros de otros colores se conocen simplemente como zafiros. El zafiro es una de las gemas más duras, solo superada por el diamante en la escala de Mohs de dureza mineral. Esto significa que es altamente resistente a los arañazos y al desgaste, lo que lo convierte en una opción popular para joyería. Además de ser utilizado en joyería, también se utiliza en aplicaciones industriales debido a su dureza y resistencia, como en la fabricación de relojes de alta gama para los cristales de los relojes, en dispositivos ópticos como lentes y ventanas, y en componentes electrónicos como los diodos emisores de luz (LED).Los principales yacimientos de zafiro se encuentran en países como Sri Lanka, Myanmar (Birmania), Tailandia, Australia y Madagascar, aunque también se pueden encontrar en otras partes del mundo.

Zagros: Los Zagros son una cadena montañosa que se extiende a lo largo de aproximadamente 1.500 kilómetros, desde el noroeste de Irán hasta el sureste de Turquía, y abarcan partes de Irak, Irán, Turquía y Armenia. Es una de las cadenas montañosas más grandes y largas de Asia. Está formada por la colisión tectónica entre la placa arábiga y la placa euroasiática. Experimentan una amplia variedad de climas debido a su gran extensión y altitud, que van desde semiáridos en las tierras bajas hasta alpinos en las cumbres más altas. Esta cadena montañosa alberga una biodiversidad única, con una variedad de especies vegetales y animales adaptadas a sus diferentes hábitats. son el hogar de diversas comunidades étnicas y culturales, incluidos los kurdos, los luros, los persas y los árabes. Durante milenios, estas regiones montañosas han sido habitadas por comunidades agrícolas y pastorales que dependen de los recursos naturales de la región para su subsistencia. Los Zagros son ricos en recursos naturales, incluidos petróleo, gas natural, minerales y agua. La región es un importante centro de producción de petróleo y gas en Irán e Irak, con numerosos yacimientos de hidrocarburos ubicados en las laderas y llanuras adyacentes a las montañas.

Zinc: El zinc es un metal de color blanco azulado brillante que es relativamente blando y maleable a temperatura ambiente. Tiene una baja conductividad eléctrica y térmica, y se encuentra en estado sólido en condiciones normales de presión y temperatura. Se encuentra en una variedad de minerales, incluidos la esfalerita, la smithsonita, la hemimorfita y la franklinita. Se extrae principalmente de minas de zinc en todo el mundo, con los principales productores siendo China, Australia y Perú. Tiene una amplia variedad de aplicaciones industriales y comerciales debido a sus propiedades únicas. Se utiliza principalmente en la galvanización del acero para protegerlo contra la corrosión, en la fabricación de aleaciones metálicas como el latón y el bronce, en la producción de pilas y baterías, y en la fabricación de productos químicos, pigmentos, fertilizantes y cosméticos. También es un micronutriente esencial para los seres humanos, y desempeña un

papel importante en una variedad de funciones biológicas, incluido el crecimiento y desarrollo, el sistema inmunológico, la cicatrización de heridas y el metabolismo de proteínas y ácidos nucleicos. La deficiencia de zinc puede causar una variedad de problemas de salud, como retraso en el crecimiento, debilidad del sistema inmunológico y problemas de piel.

Zorro: El zorro es un mamífero carnívoro perteneciente a la familia Canidae. Se encuentra distribuido en diversas partes del mundo, desde zonas árticas hasta desiertos y selvas tropicales. Los zorros son conocidos por su agilidad, inteligencia y habilidades de caza. Tienen un pelaje denso y generalmente de color marrón o gris, aunque hay especies con variaciones en el color, como el zorro rojo. Son animales solitarios y nocturnos, aunque pueden ser vistos durante el día en algunas circunstancias. Los zorros son omnívoros, lo que significa que se alimentan de una amplia variedad de alimentos, incluyendo pequeños mamíferos, aves, insectos o frutas. Son astutos y excelentes cazadores. Utilizan su agudo sentido del oído y del olfato para localizar a sus presas.

Libros de esta colección:

Mundo Marino

Mitología

Astronomía

Tierra

Medicina

Inventores

Arte

Cocina Mundial

Música

Inteligencia Artificial

Arquelogía

Historia

Nanotecnología

La Biblia

Biologia

Herbolario

Derecho

Y muchos nás!

Blessed Papers